国家示范（骨干）高职院校建筑工程技术重点建设专业成果教材

建筑工程定额计量与计价

■ 成如刚　编著
■ 夏国银　主审

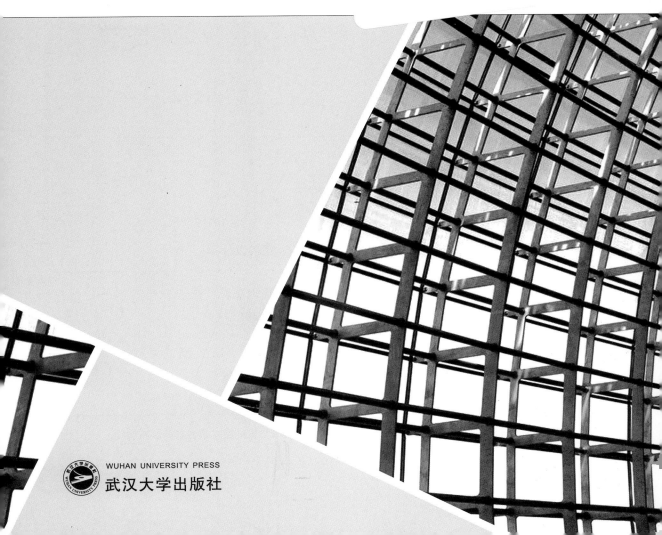

WUHAN UNIVERSITY PRESS
武汉大学出版社

图书在版编目(CIP)数据

建筑工程定额计量与计价/成如刚编著;夏国银主审 . —武汉:武汉大学出版社,2013.9
国家示范(骨干)高职院校建筑工程技术重点建设专业成果教材
ISBN 978-7-307-11332-9

Ⅰ.建… Ⅱ.①成… ②夏… Ⅲ.①建筑经济定额—高等职业教育—教材 ②建筑工程—工程造价—高等职业教育—教材 Ⅳ.TU723.3

中国版本图书馆 CIP 数据核字(2013)第 154660 号

责任编辑:胡 艳   责任校对:王 建   版式设计:马 佳

出版发行:**武汉大学出版社**   (430072 武昌 珞珈山)
(电子邮件:cbs22@whu.edu.cn 网址:www.wdp.com.cn)
印刷:崇阳县天人印刷有限责任公司
开本:787×1092 1/16 印张:13.75 字数:330 千字 插页:1
版次:2013 年 9 月第 1 版 2013 年 9 月第 1 次印刷
ISBN 978-7-307-11332-9 定价:28.50 元

前　言

　　本书是国家骨干院校建设成果教材之一，是"建筑工程定额计量与计价"课程的配套教材，该课程是工程造价专业、建筑工程技术专业的专业核心课程，是工程造价专业核心岗位造价员岗位资格证对应的必修关键课程；该课程以造价员及相关岗位职业能力培养为核心、以工作过程为导向设计教学内容。

　　本书在编写过程中，以系统性、针对性、适用性和简明性为主旨，紧贴工程实践，采用国家最新规范，选用实际工程施工图，将理论知识与实际应用紧密相结合。

　　本书由黄冈职业技术学院成如刚编著，由夏国银（资深造价工程师、中国建设工程造价管理协会专家、湖北建设工程造价管理协会专家、黄冈市造价管理站站长）主审。

　　本书在编写过程中查阅并参考了大量的知名学者、主编的名篇或著作以及一些网络资料，在此一并表示深深的谢意。

　　由于编者的水平有限，书中难免出现不妥和错误之处，敬请广大读者批评指正。

编　者

2013 年 6 月

目　录

绪　论

0.1　建筑工程计量与计价的含义

建筑工程计量与计价是正确确定单位工程造价的重要工作，也是合理控制单位工程造价的一项基本工作。建筑工程计量与计价是按照不同单位工程的用途和特点，综合运用科学的技术、经济、管理的手段和方法，根据工程量清单计价规范和（或）消耗量定额以及特定的建筑工程施工图纸，对其分项工程、分部工程以及整个单位工程的工程量和工程价格，进行科学合理的预测、优化、计算和分析等一系列活动的总称。

0.2　建筑工程计价方式

我国目前是两种计价方式并存：定额计价方式、工程量清单计价方式。

定额计价（也可称为建设预算）是在建设项目决策阶段、设计阶段、招投标阶段、施工阶段、竣工阶段、运营维护阶段用于确定和控制工程造价的一种计价方式。定额计价的基本依据是国家（或省、市自治区或行业）统一使用的定额。定额计价方式是一种传统的计价方式，并将长期存在。定额计价方式方式适用于建设项目全过程的各阶段，包括：投资阶段的投资估算，设计阶段的设计概算，施工图设计阶段以及招投标阶段的施工图预算，施工阶段施工单位编制的施工预算，竣工阶段的工程结算等。对于定额计价方式，"建筑工程定额计量与计价"课程主要学习施工图预算。

工程量清单计价是在建设工程承发包及实施阶段用于确定和控制工程造价的一种计价方式。工程量清单计价的基本依据是招标人提供的工程量清单。工程量清单计价方式是在建设工程招投标方式下采用的一种特殊的计价方式。我国的清单计价方式是在定额计价方式基础上发展起来的一种新的建筑产品计价方式。

0.3　建筑工程计量与计价基本原理

建筑工程计量与计价的主要作用是确定建筑产品的价格，也就是确定工程造价。建筑产品的价格确定也是建立在经济学理论基础之上的，由生产这个产品的社会必要劳动量确定。建筑产品的价格组成包括四部分：直接费、间接费、利润、税金。

将一个复杂的建筑工程分解为具有共性的基本构造要素——分项工程，编制单位分项工程人工、材料、机械台班消耗量的定额，是确定建筑工程造价的重要基础。

在消耗量定额的基础上再考虑价格因素，用货币量反映定额单位的人工费、材料费、机械使用费(合计称为定额基价),按照一定的规则计算各个分项工程的工程量后,再按照一定的方法,就可以计算出直接费、间接费、利润、税金,进而计算出整个建筑产品的价格。建筑工程计价一般是以单位工程为对象来编制的,所以首先应确定的是单位工程造价。

0.4 建筑工程定额计量与计价基本程序

建筑工程定额计量与计价包括单价法与实物法两种方法,编制程序分别如图0.1、图0.2所示。我国常用的是单价法。

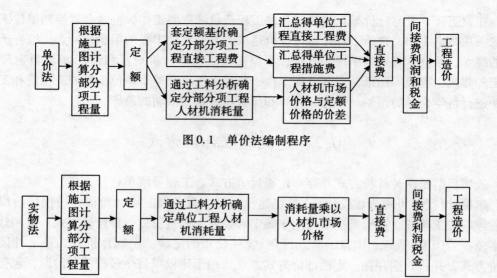

图0.1 单价法编制程序

图0.2 实物法编制程序

0.5 "建筑工程定额计量与计价"课程与其他课程的关系

"建筑工程定额计量与计价"课程是研究建筑产品生产成果与生产消耗之间的定量关系以及如何合理确定建筑工程造价规律的一门综合性、实践性较强的应用型课程。

要学好这门课程,首先要先学习"工程经济"、"建筑与装饰材料"、"建筑构造与识图"、"建筑结构基础与识图"、"建筑施工"、"钢筋平法构造与翻样"等课程,做到能识读图纸,熟悉房屋构造、结构构造基本知识,了解材料基本性能,熟悉施工过程,等等。

学习单元 1　建筑工程预算定额

1.1　定额的概念

1.1.1　定额

定额，即标准或尺度。定额是社会物质生产部门在生产经营活动中，根据一定的技术组织条件，在一定的时间内，为完成一定数量的合格产品所规定的人力、物力和财力消耗的数量标准。

定额水平是一定时期社会生产力水平的反映，它与一定时期生产的机械化程度，操作人员的技术水平，生产管理水平，新材料、新工艺和新技术的应用程度以及全体人员的劳动积极性有关，所以，定额水平不是一成不变的，而是随着社会生产力水平的变化而变化的；但是，在一定时期内，定额水平又必须是相对稳定的。

定额水平是制定定额的基础和前提，定额水平不同，定额所规定的资源消耗量也就不同，在确定定额水平时，应综合考虑定额的用途、生产力发展水平、技术经济合理性等因素。目前，定额水平有平均先进水平和平均水平两类，采用先进水平编制的定额是不常见的，它更多用于企业内部管理。

1.1.2　建筑工程定额

建筑工程定额是建筑产品生产中需消耗的人力、物力和财力等各种资源的数量规定，即在正常施工生产（正常的施工条件、合理的劳动组织和合理使用材料和机械）条件下，完成单位合格建筑安装产品所必须消耗的人工、材料、机械台班以及其费用的数量标准。

例如，砌筑砖内墙 $10m^3$ 需消耗：人工 14.6 工日，红砖 5321 块，M5 水泥砂浆 $2.37m^3$；200L 砂浆搅拌机 0.40 台班；基价 1131.97 元/$10m^3$。

建筑工程定额反映了在一定社会生产力条件下建筑行业的生产与管理水平。

正常的施工条件应该符合有关的技术规范，符合正确的施工组织和劳动组织条件，符合已经推广的先进的施工方法、施工技术和操作。它是施工企业和施工队（班组）应该具备、也能够具备的施工条件。

"合理的劳动组织、合理使用材料和机械"是指应该按照定额规定的劳动组织条件来组织生产（包括人员、设备的配置和质量标准），施工过程中应当遵守国家现行的施工规范、规程和标准等。

"单位合格建筑安装产品"中的"单位"是指定额子目中所规定的定额计量单位，因定额性质的不同而不同。例如，预算定额一般以分项工程来划分定额子目，每一子目的计量单位因其性质不同而不同，砖墙、混凝土以 m^3 为单位，钢筋以 t 为单位，门窗多以 m^2 为单位。"合格"是指施工生产所完成的成品或半成品必须符合国家或行业现行的施工验收规范和质量评定标准的要求。"产品"指的是工程建设产品，称为工程建设定额的标定对象。不同的工程建设定额有不同的标定对象，所以，它是一个笼统的概念，即工程建设产品是一种假设产品，其含义随不同的定额而改变，它可以指整个工程项目的建设过程，也可以指工程施工中的某个阶段，甚至可以指某个施工作业过程或某个施工工艺环节。

可以看出，建设工程定额不仅规定了建设工程投入产出的数量标准，还规定了具体的工作内容、质量标准和安全要求。

1.2 建筑工程定额分类

定额是个大家族，除了常用的消耗量定额（预算定额）之外，建筑工程定额还包括劳动定额、材料消耗定额、机械台班使用定额、工序定额、施工定额、概算定额、概算指标、估算指标、建筑安装工程费用定额、工器具定额、工程建设其他费用定额、工期定额。这些定额又有很多不同专业，如建筑工程、安装工程、市政工程、房屋修缮加固、仿古园林工程、煤炭井巷工程、铁路工程、公路工程、冶金工程、轨道交通，等等。按适用范围，定额可分为全国统一定额、行业统一定额、地区统一定额、企业定额和补充定额五种。

1.2.1 人工消耗定额

人工消耗定额又称劳动定额，它是指在合理的劳动组织条件下，某工种的劳动者为完成单位合格产品所消耗的活劳动的数量标准，或规定在一定劳动时间内，生产合格产品的数量标准。人工消耗定额一般采用工作时间消耗量来计算人工工日消耗的数量，所以其表现形式是时间定额，但同时也表现为产量定额。时间定额的计量单位是工日/m、工日/m^2 等。产量定额的计量单位是相应时间定额的倒数。

1.2.2 材料消耗定额

材料消耗定额简称材料定额，它是指在合理和节约使用材料的条件下，生产质量合格的单位产品所必须消耗的一定品种规格的材料、燃料、半成品、构件和水电等动力资源的数量标准。

1.2.3 机械台班消耗定额

机械台班使用定额简称机械台班定额，它是指在合理劳动组织和合理使用机械正常施工条件下，由熟练工人或工人小组操纵使用机械，生产单位合格产品所必须消耗的某种施工机械工作时间。机械消耗定额的主要表现形式是机械时间定额，但同时也表现为产量定额。其计量单位是台班/m^2、台班/m^3 等。产量定额的计量单位是相应时间定额的倒数。

1.2.4 工序定额

工序定额是以个别工序为标定对象编制的，它是组成定额的基础。工序定额一般只作为下达企业内部个别工序的施工任务的依据。

1.2.5　施工定额

施工定额是以同一性质的施工过程或工序为测定对象，规定建筑安装工人或班组，在正常施工条件下，为完成单位合格产品所需消耗的劳动、材料和机械台班的数量标准。

施工定额由人工消耗定额、材料消耗定额和机械台班消耗定额三个相对独立的部分组成。这是最基本的定额分类方法，它直接反映生产某种单位合格产品所必须具备的基本生产要素。因此，人工消耗定额、材料消耗定额和机械台班消耗定额是其他各种定额的基本组成部分。

施工定额是施工企业组织生产和加强管理，在企业内部使用的一种定额，体现企业的个别消耗水平，反映了企业的劳动效率和生产管理水平。其定额水平应体现社会平均先进水平。

施工定额的主要作用是用于施工管理。它是施工企业编制施工组织设计、施工计划和施工预算的依据。一般来说，只有施工企业才利用施工定额。

1.2.6　消耗量定额

消耗量定额也称为预算定额，是指在正常施工条件下，完成一定计量单位分项工程或结构构件的人工、材料和机械台班消耗量的标准。它除了规定人工、材料和机械台班消耗量标准外，还规定完成定额所包括的工程内容。预算定额是在施工定额的基础上，适当合并相关施工定额的工序内容，进行综合扩大而编制的。

消耗量定额的主要作用是编制施工图预算，确定建筑产品价格。既然是产品价格，所以消耗量定额水平是社会平均水平。

1.2.7　概算定额

概算定额是指完成一定计量单位的扩大结构构件或扩大分项工程的人工、材料和机械消耗数量的标准。概算定额是在预算定额的基础上，按照施工顺序相衔接和关联性较大的原则划分定额项目，通常以主体结构或主要项目列项，把前后的施工过程全合并在一起，并综合预算定额的工作内容后编制而成的，例如，人工挖地槽、砖砌基础、基础防潮、回填土、余土外运五项工程内容，在预算定额中分别列项，而概算定额中，将这五个施工顺序相衔接而且关联性较大的分项工程合并为一个扩大分项工程，即为概算定额中的砖基础定额。

概算定额是设计部门、建设单位编制概算和控制建设投资的依据。

概算定额的制定水平也是社会平均水平，但它在综合预算定额的基础上，按其作用又进行了扩大，一般在综合后的预算定额量的基础上又增加了 5% 的幅度。

1.2.8　概算指标

概算指标是概算定额的扩大与合并，它是以整个建筑物和构筑物为对象，按更为扩大的计量单位编制的，是一种计价定额。它是设计单位编制工程概算或建设单位编制年度任务计划、施工准备期间编制材料和机械设备供应计划的依据，也可供国家编制年度建设计划参考。

1.2.9 估算指标

建筑工程估算指标通常以 m^2(建筑面积)、m^3(建筑体积)为单位，或者以座、m(构筑物)为单位，规定人工、材料及造价的数量指标。它比概算定额更进一步综合扩大。

在设计深度不够的情况下，往往用估算指标编制初步设计概算，它是进行设计方案技术经济比较的依据。估算指标构成的数据主要来自各种工程的预算、概算和结算资料，即把各种有关数据经过整理、分析、归纳计算而得。例如，每平方米的造价指标就是根据该工程的全部概、预算(结算)价值被该工程的建筑面积去除而得到的数值。

1.2.10 工期定额

工期定额是指在正常的施工技术和组织条件下，完成建设项目和各类工程所需的工期标准。

1.2.11 建筑安装工程费用定额

建筑安装工程费用定额包括施工措施费定额和间接费定额。在计算建筑工程费用时，除了计算直接消耗在工程上构成工程实体的人工费、材料费、机械费之外，还要计算间接消耗在工程项目上的诸如临时设施费、二次搬运费、安全施工费、脚手架费、模板费等施工措施费用及企业管理费、社会保障费、危险作业意外伤害保险等间接费用。

1.2.12 工器具定额

工器具定额是为新建或扩建项目投产运转首次配置的工具、器具的数量标准。工具和器具是指按照有关规定不够固定资产标准而起劳动手段作用的工具、器具和生产用家具，如工具台、工具箱、计量器、仪器等。

1.2.13 工程建设其他费用定额

工程建设其他费用定额是独立于建筑安装工程、设备和工器具购置之外的其他费用开支的标准。工程建设其他费用主要包括土地使用费、与建设项目有关的费用与未来企业生产经营有关的费用等，这些费用的发生和整个项目的建设密切相关，其他费用定额是按各项独立费用分别制定的，以便合理控制这些费用的开支。

1.2.14 企业定额

企业定额是建筑安装企业根据本企业的施工技术和管理水平编制的工程定额。

企业定额用于建筑安装企业内部生产管理、投标报价和工程分包，是企业生产力水平的体现。

1.3 建筑工程消耗量定额

建筑工程消耗量定额是根据人工消耗定额、材料消耗定额、机械台班消耗定额编制的。

1.3.1　人工消耗定额

人工消耗定额也称劳动消耗定额，是建筑工程劳动定额的简称。人工消耗定额按其表现形式的不同，可分为时间定额和产量定额。

1. 时间定额

时间定额是指某一工人或工作小组在合理劳动组织等施工条件下，完成一定计量单位分项工程或结构构件所需消耗的工作时间。定额项目的人工不分工种、技术等级，一律以综合工日表示，每一工日工作时间按 8h 计算，即

$$单位产品时间定额（工日）= \frac{1}{每工产量}$$

$$单位产品时间定额（工日）= \frac{小组成员工日数总和}{小组台班产量}$$

2. 产量定额

产量定额是指一工人或工作小组在合理的劳动组织等施工条件下，在单位时间内完成合格产品的数量，通常以一个工日完成合格产品的数量表示，即

$$产量定额 = \frac{产品数量}{劳动时间}$$

3. 时间定额与产量定额的关系

时间定额与产量定额互为倒数，即

$$时间定额 \times 产量定额 = 1$$

$$时间定额 = \frac{1}{产量定额}$$

4. 工作时间

完成任何施工过程都必须消耗一定的工作时间，要研究施工过程中的工时消耗量，就必须对工作时间进行分析。工作时间的研究，是将劳动者整个生产过程中所消耗的工作时间，根据其性质、范围和具体情况进行科学划分、归类，明确规定哪些属于定额时间，哪些属于非定额时间，找出非定额时间损失的原因，以便拟定技术组织措施，消除产生非定额时间的因素，充分利用工作时间，提高劳动生产率。

工作时间是指工作班的延续时间。建筑安装企业工作班的延续时间为 8h（每个工日）。

工人在工作班内消耗的工作时间，按其消耗的性质，可分为两大类：必需消耗的时间（定额时间）和损失时间（非定额时间），如图 1.1 所示。

1）必需消耗的时间

必需消耗的时间又称定额时间，是工人在正常施工条件下，为完成一定数量的产品或工作任务所必须消耗的工作时间。包括有效工作时间、休息时间和不可避免中断时间的消耗。有效工作时间又包括基本工作时间、辅助工作时间、准备与结束工作时间的消耗。

（1）基本工作时间是工人完成能生产一定产品的施工工艺过程所消耗的时间。通过这些工艺过程，可以使材料改变外形；可以改变材料的结构与性质，如混凝土制品的养护干燥等；可以使预制构配件安装组合成型；可以改变产品外部及表面的性质，如粉刷、油漆等。

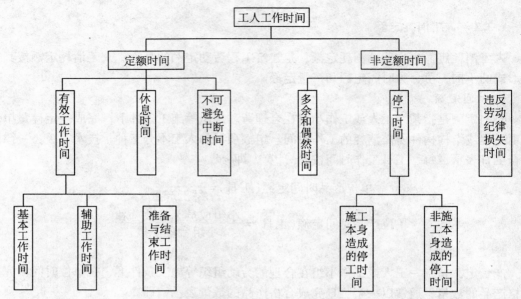

图1.1　工人工作时间分类

(2)辅助工作时间是为保证基本工作能顺利完成所消耗的时间。在辅助工作时间里，不能使产品的形状大小、性质或位置发生变化。辅助工作时间的结束，往往就是基本工作时间的开始。辅助工作一般是手工操作。但如果在机手并动的情况下，则辅助工作是在机械运转过程中进行的，为避免重复，不应再计辅助工作时间的消耗。

(3)准备与结束工作时间是执行任务前或完成任务后所消耗的工作时间，如工作地点、劳动工具和劳动对象的准备工作时间，工作结束后的整理工作时间等。这项时间消耗可以分为班内的准备与结束工作时间、任务的准备与结束工作时间。

一般情况下，准备与结束工作时间占定额时间的比例为：油漆工2%～3%，抹灰工、钢筋工、砼工2.5%～3.5%，木工2%～5%，砖工2%～2.5%。

(4)不可避免的中断所消耗的时间是由于施工工艺特点引起的工作中断所必需的时间。与施工过程工艺特点有关的工作中断时间，应包括在定额时间内，但应尽量缩短此项时间消耗。与工艺特点无关的工作中断所占用的时间，是由于劳动组织不合理引起的，属于损失时间，不能计入定额时间。

(5)休息时间是工人在工作过程中为恢复体力所必需的短暂休息和生理需要的时间消耗。这种时间是为了保证工人精力充沛地进行工作，所以在定额时间中必须进行计算。休息时间的长短和劳动条件有关，劳动越繁重紧张、劳动条件越差(如高温)，则休息时间需越长。

一般情况下，休息时间占定额时间比例为：轻体力(如油漆工等)5%；中度体力(如钢筋工等)5%～9%；重体力，如砼工7%～13%、挖土工10%～20%。

综上，可得定额时间计算公式为

定额时间=基本工作时间+辅助工作时间+准备与结束工作时间
　　　　　+不可避免中断时间+休息时间

2）损失时间

损失时间又称非定额时间，是与产品生产无关，而与施工组织和技术上的缺点有关，与工人在施工过程的个人过失或某些偶然因素有关的时间消耗。

损失时间中包括多余工作、偶然工作以及停工、违背劳动纪律所引起的工时损失。

（1）多余工作，就是工人进行了任务以外而又不能增加产品数量的工作，如重砌质量不合格的墙体。多余工作的工时损失，一般都是由于工程技术人员和工人的差错而引起的，因此，不应计入定额时间。

（2）偶然工作也是工人在任务外进行的工作，但能够获得一定产品，如抹灰工不得不补上偶然遗留的墙洞等。由于偶然工作能获得一定产品，所以拟定定额时要适当考虑它的影响。

（3）停工时间是工作班内停止工作造成的工时损失。停工时间按其性质可分为施工本身造成的停工时间和非施工本身造成的停工时间两种。施工本身造成的停工时间是由于施工组织不善、材料供应不及时、工作面准备工作做得不好、工作地点组织不良等情况引起的停工时间。非施工本身造成的停工时间是由于水源、电源中断引起的停工时间。前者在拟定定额时不应该计算，后者在拟定定额时则应给予合理的考虑。

（4）违背劳动纪律造成的工作时间损失，是指工人在工作班开始和午休后的迟到、午饭前和工作班结束前的早退、擅自离开工作岗位、工作时间内聊天或办私事等造成的工时损失。由于个别工人违背劳动纪律而影响其他工人无法工作的时间损失也包括在内。此项工时损失不应允许存在。因此，在定额中是不能考虑的。

【例1.1】 已知砌砖基本工程时间为390min，准备与结束时间为19.5min，休息时间为11.7min，不可避免的中断时间为7.8min，损失时间为78min，共砌砖1000块，并已知520块/m³。试确定其时间定额与产量定额。

【解】定额时间：$390+19.5+11.7+7.8=429(\text{min})=7.15(\text{h})$

1000块砖体积：$\frac{1000}{520}=1.923\text{m}^3$

时间定额：$\frac{7.15}{1.923}=3.718(\text{h/m}^3)=0.46(\text{工日/m}^3)$

产量定额：$\frac{1}{0.46}=2.17(\text{m}^3/\text{工日})$

1.3.2 预算定额人工消耗量

定额项目的人工消耗量包括基本用工和其他用工两部分。

1. 基本用工

这是指完成一定计量单位分项工程或结构构件所必需消耗的技术工种用工，如砌筑墙体时的瓦工、支混凝土模板时的模板工等。按技术工种相应劳动定额工时定额计算，以不同工种列出定额工日。

2. 其他用工

这是指除基本用工以外的用工，包括：

（1）辅助用工：是指施工现场内发生的预算定额中基本用工以外的材料加工等用工，

如混凝土工程中的洗石子用工,砌砖工程中的筛砂子用工,抹灰工程中的淋石灰用工和制作抹灰用的分隔条用工,机械土方工程配合用工,电焊点火用工,等等。

(2)超运距用工:是指消耗量定额取定的材料、成品、半成品场内运输距离,超过劳动定额规定的距离所增加的用工。

需要指出的是,当实际工程现场运距超过预算定额取定运距时,可另行计算现场二次搬运费。

(3)人工幅度差:是指劳动定额项目中未包括,而在正常施工过程中经常发生,在预算定额中必须考虑,但又无法通过劳动定额项目计量的用工损失。主要包括:工序交叉、搭接的时间损失;施工机械的临时维护、检修、移动时的时间损失,临时水电的移动而引起的人工停歇时间;工程质量检查和隐蔽工程验收而影响的工作时间;施工班组操作地点变动的时间以及工序交接时对前一工序不可避免的修整用工;施工中不可避免的其他用工损失。

　　人工幅度差用工 = (基本用工 + 辅助用工 + 超运距用工) × 人工幅度差系数

人工幅度差系数一般为 $10\% \sim 15\%$。

人工消耗量计算公式为

　　人工消耗量 = 基本用工 + 辅助用工 + 超运距用工 + 人工幅度差

【例 1.2】 已知完成 $1m^3$ 的一砖墙砌体所需基本工作时间为 15.5h,辅助工作时间占工作班延续时间的 3%,准备与结束工作时间占工作班延续时间的 3%,不可避免中断时间占工作班延续时间的 2%,休息时间占工作班延续时间的 16%,人工幅度差系数为10%。试计算完成 $1m^3$ 砌体的人工消耗量。

【解】 完成 $1m^3$ 的砌体定额时间 = 基本工作时间 + 辅助工作时间 + 准备与结束工作时间 + 不可避免中断时间 + 休息时间,即

$$\frac{15.5}{1-3\%-3\%-2\%-16\%} = 20.39(h) = \frac{20.39}{8}(工日) = 2.55(工日)$$

所以,完成 $1m^3$ 砌体的人工消耗量 = $2.55 \times (1+10\%) = 2.81$(工日)。

1.3.3　材料消耗定额

材料消耗定额是指在合理的施工条件和合理使用材料的情况下,生产质量合格的单位产品所必须消耗的建筑安装材料的数量标准。

在工程建设中,建筑材料品种繁多、耗用量大、占工程费用的比例较大,在一般工业与民用建筑中,其材料费占整个工程费用的 $60\% \sim 70\%$。因此,用科学的方法正确地制定材料消耗定额,可以保证合理地供应和使用材料,减少材料的积压和浪费,这对于保证施工的顺利进行、降低产品价格和工程成本有极其重要的意义。

1. 施工中材料消耗的分类

施工中材料的消耗可分为必需的材料消耗和损失的材料两类。必需消耗的材料,是指在合理用料的条件下,生产合格产品所需消耗的材料,包括直接用于建筑和安装工程的材料、不可避免的施工废料、不可避免的材料损耗。

(1)工程施工中所消耗的材料,按材料在构成工程实体时的重要程度及其用量大小,可分为主要材料、辅助材料和其他材料三部分。

主要材料:直接构成工程实体的材料,其中也包括成品、半成品的材料。

辅助材料:构成工程实体除主要材料以外的其他材料,如垫木钉子、铅丝等。

其他材料:用量较少,难以计量的零星用料,如棉纱,编号用的油漆等。

(2)工程施工中所消耗的材料,按材料在施工过程中消耗的方式可分为实体性材料(非周转性材料)与周转性材料两部分。

实体性材料(非周转性材料):在施工中一次性消耗的、构成工程实体的材料,如砌筑墙体用的砖(或砌块)、浇筑混凝土构件用的混凝土等。

周转性材料:在施工中可多次性地周转使用的材料,这种材料一般不构成工程实体,如砌筑墙体用的脚手架、浇筑混凝土用的模板等。

2. 实体性材料消耗量

1)实体性材料消耗量的组成

施工中实体性材料的消耗,其消耗量都是由材料净用量和材料损耗量组成的,如图 1.2 所示。

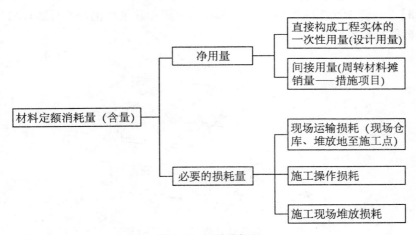

图 1.2 材料消耗量

材料净用量是指在合理用料的条件下,直接用于建筑和安装工程的材料。

材料损耗量指在正常条件下不可避免的施工废料和施工操作损耗,包括现场材料运输、堆放损耗及施工操作过程中的损耗等。其关系式如下:

$$材料消耗量 = 材料净用量 + 材料损耗量 = 材料净用量 \times (1 + 材料损耗率)$$

$$材料损耗量 = 材料净用量 \times 材料损耗率$$

$$材料损耗率 = \frac{材料损耗量}{材料净用量} \times 100\%$$

2)实体材料的消耗量确定

实体材料的消耗量一般是通过现场技术测定法、实验室试验法、现场统计法和理论计算法等方法获得的。

具备下列条件者,可采用材料净用量的理论计算:

(1)凡有标准规格的材料,按规范要求(如砌砖,按规范要求的灰缝宽度和厚度、排砖方法；防水卷材，按规范要求的搭接宽度和铺贴方法等)计算定额耗用量。

（2）凡设计图纸标注截面尺寸及下料长度要求的，按设计图纸尺寸及下料要求计算材料净用量，如木门窗制作用的板、方材等。

3）砌体材料用量计算

（1）砌体材料用量计算的一般公式：

$$每立方米砌体净用量(块)=\frac{分母体积中砌块的数量}{墙体厚×(标准砖长+灰缝厚)×(标准砖厚+灰缝厚)}$$

砂浆净用量=1–砌块净用量×砌块的单位体积

（2）砖砌体材料用量计算：

$$每立方米砌体标准砖净用量(块)=\frac{2×墙体厚度的砖数}{墙体厚×(标准砖长+灰缝厚)×(标准砖厚+灰缝厚)}$$

$$标准砖消耗量=净用量×(1+损耗率)$$

$$砂浆净用量=1–标准砖净用量×0.24×0.115×0.053$$

$$砂浆消耗量=净用量×(1+损耗率)$$

【例1.3】 计算365厚砖外墙每立方米砌体中砖和砂浆的消耗量（图1.3），砖损耗率均为2%，砂浆损耗率均为1%。

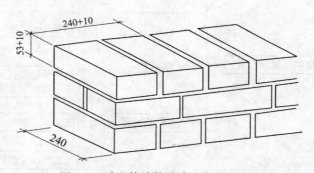

图1.3 砖砌体计算尺寸示意图(mm)

【解】砖净用量=$\frac{1}{0.24×(0.24+0.01)×(0.053+0.01)}×1×2=522(块/m^3)$

砖消耗量=$522×(1+2\%)=532.44(块/m^3)$

砂浆消耗量=$(1–522×0.24×0.115×0.053)×(1+1\%)=0.238(m^3/m^3)$

（3）砌块砌体材料用量计算。

【例1.4】 计算尺寸为390mm×190mm×190mm的每立方190厚混凝土空心砌块墙的砌块和砂浆净用量。

【解】砌体净用量=$\frac{1}{0.19×(0.39)×(0.19+0.01)}×1=68.5(块/m^3)$

砂浆净用量=$1–68.5×0.39×0.19×0.19=0.074(m^3/m^3)$

4）块料面层

$$100m^2块料面层净用量=\frac{100}{(块料长+灰缝宽)×(块料宽+灰缝宽)}(块)$$

$100m^2$ 块料总消耗量=净用量×(1+损耗率)

$100m^2$ 结合层砂浆净用量=100×结合层厚

$100m^2$ 结合层砂浆总消耗量=净用量×(1+损耗率)

$100m^2$ 块料面层灰缝砂浆净用量=(100-块料长×块料宽×块料的净用量)×灰缝厚

$100m^2$ 块料面层灰缝砂浆总消耗量=净用量×(1+损耗率)

【例1.5】　用水泥砂浆贴 500mm×500mm×15mm 花岗岩地面，结合层 5mm 厚，灰缝 1mm 厚，花岗岩损耗率1.5%，砂浆损耗率1.6%。试计算每 $100m^2$ 地面的花岗岩和砂浆的总消耗量。

【解】花岗岩：

$$100m^2 花岗岩净用量 = \frac{100}{(0.5+0.001)×(0.5+0.001)} = 398.4(块)$$

$$花岗岩消耗量 = 398.4×(1+1.5\%) = 404.5(块/100m^2)$$

砂浆：

$$100m^2 地面结合层砂浆净用量 = 100×0.005 = 0.5(m^3)$$

$$100m^2 地面灰缝砂浆净用量 = (100-398.4×0.5×0.5)×0.015 = 0.006(m^3)。$$

$$砂浆消耗量 = (0.5+0.006)×(1+1.6\%) = 0.514(m^3/100m^2)$$

5）卷材面层

$$100m^2 卷材面层卷材净用量 = \frac{100×每卷卷材面积×层数}{(卷材宽-顺向搭接宽)×(每卷卷材长-横向搭接宽)}$$

【例1.6】　高分子卷材规格均按 20m×1m，满铺粘贴长边搭接按 95mm，短边搭接按 82mm，卷材损耗率1%。试计算满铺 $100m^2$ 高分子卷材防水中高分子卷材的消耗量。空铺、点铺、条铺粘贴卷材长短边搭接长度均按 101mm。

【解】满铺卷材面层卷材消耗量 $= \frac{100×20×1}{(20-0.095)×(1-0.082)}×1.01 = 110.55(m^2/100m^2)$

空铺、点铺、条铺粘贴卷材消耗量 $= \frac{100×20×1}{(20-0.101)×(1-0.101)}×1.01 = 112.85$
$(m^2/100m^2)$

6）瓦屋面

$$100m^2 屋面瓦材面层净用量 = \frac{100}{(瓦宽-宽向搭接宽)×(瓦长-长向搭接宽)}$$

（1）水泥瓦，又称为彩瓦、水泥彩瓦。

【例1.7】　水泥瓦定额取定尺寸 385mm×235mm，长向搭接 85mm，宽向搭接 33mm。脊瓦规格取定 450mm×195mm，搭长 55mm。脊瓦每 $100m^2$ 综合含量取定 11.00m。损耗率定额取3.5%。试计算水泥瓦的消耗量。

【解】$100m^2$ 屋面瓦材耗用量 $= \frac{100}{(0.385-0.085)×(0.235-0.033)}×(1+3.5\%)$
$$= 1708(块)$$

脊瓦量 $= 11÷(0.45-0.055)×(1+3.5\%) = 29(块)$

（2）黏土瓦。

【例1.8】　黏土瓦定额取定尺寸 380mm×240mm，长向搭接 80mm，宽向搭接 33mm。

脊瓦规格取定 450mm×195mm，搭长 55mm。脊瓦每 100m² 综合含量取定 11.00m。损耗率定额取 3.5%。试计算黏土瓦的消耗量。

【解】计算方法同例 1.7。

（3）小波石棉瓦。

【例 1.9】 小波石棉瓦定额取定尺寸 1820mm×720（单波 63）mm，长向搭接 200mm，短向 1.5 波。脊瓦规格取定 780mm×180mm，搭长 70mm。脊瓦每 100m² 综合取定脊长 11.00m。损耗率定额取 4%。试计算小波石棉瓦的消耗量。

【解】
$$100\text{m}^2\text{ 屋面瓦材耗用量} = \frac{100}{(1.82-0.2)\times(0.72-0.033\times1.5)}\times(1+4\%)$$
$$= 102.67（块）$$

脊瓦量 = 11÷(0.78-0.07)×(1+4%) = 16.11（块）

（4）大波石棉瓦。

【例 1.10】 大波石棉瓦定额取定尺寸 2800mm×994（单波 166）mm，长向搭接 200mm，短向 1.5 波。脊瓦规格取定 850×460。脊瓦每 100m² 综合取定脊长 11.00m。试计算大波石棉瓦的消耗量。

【解】计算方法同例 1.9。

7）其他材料耗用量的计算

由于此类材料价值低、用量小，一般在定额中以"其他材料费"形式出现，定额单位以"元"表示，或者在消耗量定额中以占材料费的百分比表示。具体计算是：详细列出此类材料的名称、数量，并依据实际编制期的材料价格计算出相应材料的金额及总金额，即

$$\text{其他材料总金额} = \sum（相应其他材料数量 × 相应材料预算价格）$$

3. 周转性材料消耗量

在施工中多次重复使用的材料为周转性材料，包括高处作业用的脚手架杆、板，土方施工中的挡土板，混凝土工程中的模板等。这类材料在施工中不是一次消耗完的，而是随着使用次数的增多，逐渐消耗，不断补充，多次使用，反复周转。周转性材料的耗用量是按多次使用、分次摊销的方法计算的，用摊销量表示。

1）现浇构件模板摊销量

下面以木模板为例，说明周转性材料摊销量的计算方法。

模板一次使用量（木模）是指在不重复使用的条件下，完成定额计量单位产品需要的模板数量。其计算公式为

模板一次使用量 = 1m³ 构件模板接触面积×1m² 接触面积模板净用量×(1+损耗率)

模板的周转使用量是指在考虑了使用次数和每周转一次后的补充损耗数量后，每周转一次的平均使用量。其计算公式为

$$\text{周转使用量} = \frac{\text{一次使用量}\times[1+(\text{周转次数}-1)\times\text{补损率}]}{\text{周转次数}}$$

式中，周转次数是指在补损条件下周转材料可以重复使用的次数。

模板回收量是指周转材料在周转完毕时可以收回的数量。其计算公式为

$$\text{回收量} = \frac{\text{一次使用量}\times(1-\text{补损率})\times\text{回收折价率}}{\text{周转次数}}$$

式中，回收折价率是指回收材料价值的折损系数。

模板摊销量是指按周转次数分摊到每一定额计量单位模板面积中的周转材料数量。其计算公式为

$$摊销量 = 周转使用量 - 回收量$$

【例 1.11】　钢筋混凝土构造柱按选定的模板设计图纸，每 $10m^3$ 混凝土模板接触面为 $66.7m^2$，每 $10m^2$ 接触面积需木材 $0.375m^3$，模板的损耗率为 5%，周转次数 8 次，每次周转补损率 15%。试计算 $1m^3$ 混凝土构造柱模板周转使用量、回收量及模板摊销量。

【解】一次使用量 $= \dfrac{66.7}{10} \times \dfrac{0.375}{10} \times (1+5\%) = 0.2633(m^3/m^3)$

周转使用量 $= \dfrac{0.2633 \times [1+(8-1) \times 15\%]}{8} = 0.0675(m^3/m^3)$

回收量 $= \dfrac{0.2633 \times (1-15\%)}{8} = 0.028(m^3/m^3)$

摊销量 $= 0.0675 - 0.028 = 0.0395(m^3/m^3)$

2）预制构件模板摊销量

预制构件模板摊销量是按多次使用、平均摊销的方法计算的，公式如下：

模板一次使用量 $= 1m^3$ 构件模板接触面积 $\times 1m^2$ 接触面积模板净用量 $\times (1+损耗率)$

$$模板摊销量 = \frac{一次使用量}{周转次数}$$

3）脚手架主要材料用量计算

脚手架所用钢管、架板等定额按摊销量计算，公式如下：

$$摊销量 = \frac{一次使用量 \times (1-残值率) \times 使用年限}{耐用年限}$$

【例 1.12】　根据选定的预制过梁标准图计算，每 m^3 构件的模板接触面积为 $10.16m^2$，每 m^2 接触面积的模板净用量为 $0.095m^3$，损耗率为 6%，模板周转 28 次。试计算每 m^3 预制过梁的模板摊销量。

【解】一次使用量 $= 10.16 \times 0.095 \times (1+6\%) = 1.027(m^3/m^3)$

预制过梁模板摊销量 $= 1.027 \div 28 = 0.037(m^3/m^3)$

1.3.4　施工机械台班消耗定额

在建筑安装工程中，有些工程产品或工作是由工人来完成的，有些是由机械来完成的，有些则是由人工和机械配合共同完成的。由机械或人机配合来完成的产品或工作中，就包含一个机械工作时间。

施工机械台班消耗定额的表现形式有机械时间定额和机械产量定额两种。

1. 机械时间定额

这是指在合理劳动组织与合理使用机械条件下，完成单位合格产品所必需的工作时间，包括有效工作时间、不可避免的中断时间、不可避免的无负荷工作时间，如图 1.4 所示。机械时间定额以"台班"表示，即一台机械工作一个作业班时间，一个作业班时间为 8h。

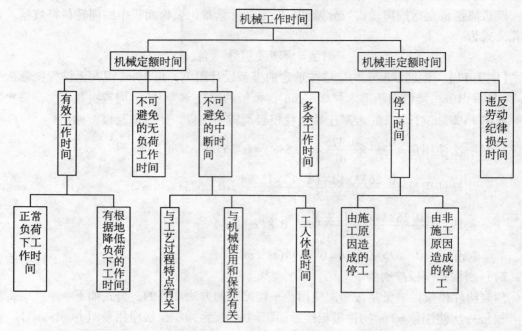

图1.4　机械工作时间分类

$$单位产品机械时间定额（台班）=\frac{1}{台班产量}$$

由于机械必须由工人小组配合，所以完成单位合格产品的时间定额应列入人工时间定额，即

$$单位产品人工时间定额（工日）=\frac{小组成员总人数}{台班产量}$$

2. 机械产量定额

这是指在合理劳动组织与合理使用机械条件下，机械在每个台班时间内完成合格产品的数量，即

$$机械产量定额=\frac{1}{机械时间定额}（台班）$$

机械时间定额和机械产量定额互为倒数关系。

3. 机械工作时间

1）必须消耗的时间

（1）有效工作时间：包括正常负荷下的工作时间、有根据地降低负荷下的工作时间。

（2）不可避免的无负荷工作时间：由施工过程的特点所造成的无负荷下工作时间，如推土机达工作终端后倒车的时间、起重机吊完构件后返回构件堆放地点的时间等。

（3）不可避免的中断时间：是与工艺过程的特点、机械使用中的保养、工人休息等有关的中断时间，如汽车装卸货物时的停车时间、给机械加油的时间、工人休息时的停机时间等。

2）损失时间

（1）机械多余的工作时间：是指机械完成任务时无需包括的工作占用时间，如灰浆搅拌机搅拌时多运转的时间、工人没有及时供料而使机械空运转的延续时间等。

（2）机械停工时间：是指由于施工组织不好及由于气候条件影响所引起的停工时间，如未及时给机械加水、加油而引起的停工时间等。

（3）违反劳动纪律的停工时间：是指由于工人迟到、早退等原因引起的机械停工时间。

1.3.5　预算定额中机械台班消耗量

1. 大型施工机械台班消耗量

大型施工机械如大型土石方机械，打桩、构件吊装机械等，其台班消耗量由机械净用量和机械幅度差数量组成，即

$$机械台班消耗量＝机械净用量＋机械幅度差数量$$
$$机械台班消耗量＝机械净用量×（1＋机械幅度差系数）$$

机械净用量：按机械台班定额确定的、为完成定额计量单位建筑安装产品所需要的台班数量。

机械幅度差：在编制预算定额（消耗量定额）时，在按照统一劳动定额计算机械台班的消耗量后，尚应考虑在合理的施工组织条件下机械停歇因素，另外增加的台班消耗。机械幅度差应按消耗量定额编制阶段确定的系数计算。

机械幅度差一般包括：正常施工组织条件下不可避免的机械空转时间，施工技术原因的中断及合理停滞时间，因供电供水故障及水电线路移动检修而发生的运转中断时间，因气候变化或机械本身故障影响工时利用的时间，施工机械转移及配套机械相互影响损失的时间，配合机械施工的工人因与其他工种交叉造成的间歇时间，因检查工程质量造成的机械停歇的时间，工程收尾和工作量不饱满造成的机械停歇时间，等等。

大型机械幅度差系数为：土方机械25%，打桩机械33%，吊装机械30%。其他分部工程中，钢筋加工、木材、水磨石等各项专用机械的幅度差为10%。

2. 按小组配用机械台班消耗量

砂浆、混凝土搅拌机等由于按小组配用，所以以小组产量计算机械台班产量，不另增加机械幅度差。小组产量为劳动定额每工产量和小组人数的乘积。

$$配合机械的台班净用量＝项目内需加工材料数量÷台班产量$$

式中，台班产量＝小组产量＝每工产量×小组人数，或根据劳动定额情况，综合取定台班产量。

【例1.13】　用一台20t平板拖车运输钢结构，由1名司机和5名起重工组成小组共同完成，已知调车10km以内，运距5km载重系数为0.55，台班车次为4.4次/台班。试计算：（1）平板拖车台班运输量和运输10t钢结构的时间定额；（2）拖运1t钢结构（吊车司机和起重工）的人工时间定额。

【解】（1）台班运输量＝台班车次×额定载重量×载重系数

$$＝4.4×20×0.55＝48.4（t/台班）$$

时间定额＝1/48.4＝0.021（台班/t）

运输10t钢结构的时间定额＝1×10/48.4＝0.21（台班/10t）

（2）吊车司机人工时间定额=1×0.021=0.021（工日/t）

起重工人工时间定额=5×0.021=0.105（工日/t）

拖运1t钢结构（吊车司机和起重工）的人工时间定额=0.021+0.105=0.126（工日/t）

也可以这样计算：

$$拖运1t钢结构（吊车司机和起重工）的人工时间定额=\frac{小组台班工日数}{每台班产量}$$

$$=\frac{6}{48.4}=0.126（工日/t）$$

3. 机械台班消耗量的确定

1）确定正常施工条件

机械操作与人工操作相比，劳动生产率在很大程度上受施工条件的影响，所以需要更好地拟定正常施工条件，主要是拟定工作地点的合理组织和拟定合理的工人编制。

2）确定机械纯工作1h的正常生产率

机械纯工作1h的正常生产率是指在正常施工条件下，由具备一定知识和技能的工人操作施工机械工作1h的劳动生产率。

机械纯工作时间是指机械必须消耗的净工作时间，包括：正常负荷下工作时间、有根据降低负荷下工作时间、不可避免的无负荷工作时间、不可避免的中断时间。

根据机械工作特点的不同，机械纯工作1h正常生产率的确定方法也有所不同。

（1）对于循环动作机械，确定机械纯工作1h正常生产率公式如下：

$$机械一次循环的正常延续时间=\sum 各循环组成部分正常延续时间-交叠时间$$

$$机械纯工作1h循环次数=\frac{60×60（s）}{一次循环的正常延续时间}$$

机械纯工作1h正常生产率=机械纯工作1h循环次数×一次循环生产的产品数量

（2）对于连续动作机械，确定机械纯工作1h正常生产率要根据机械的类型和结构特征以及工作过程的特点来进行，公式如下：

$$连续动作机械纯工作1h正常生产率=\frac{工作时间内生产的产品数量}{工作时间（h）}$$

3）确定施工机械正常利用系数

施工机械正常利用系数又称机械时间利用系数，是指机械在工作班内工作时间的利用率。

$$机械正常利用系数=\frac{工作班内机械纯工作时间}{机械工作班延续时间}$$

4）计算施工机械台班消耗量

（1）施工机械台班产量定额：

施工机械台班产量定额=机械纯工作1h正常生产率×工作班延续时间
　　　　　　　　×机械正常利用系数

（2）施工机械台班消耗定额：

$$机械台班消耗量=\frac{1}{机械台班产量定额}$$

【例1.14】 某砌筑一砖墙工程1m³，砂浆用400L搅拌机现场搅拌，其资料如下：运料 200s，装料 40s，搅拌 80s，卸料 30s，正常中断 10s，机械利用系数 0.8。试确定机械台班消耗量（即机械时间定额）。

【解】（1）该搅拌机一次循环的正常延续时间 = $\sum$ 循环内各组成部分延续时间 = 200 + 40 + 80 + 30 + 10 = 360(s)

（2）机械纯工作 1h 循环次数 = 60×60(s)/360 = 10(次/h)

（3）机械纯工作 1h 的正常生产率 = 机械纯工作 1h 正常循环次数×一次循环的产品数量 = 10×0.4 = 4(m^3)

该搅拌机纯工作 1h 循环 10 次，则 1h 正常生产率 = 10×400 = 4000(L) = 4(m^3)

（4）该搅拌机台班产量定额 = 机械纯工作 1h 正常生产率×工作班延续时间×机械正常利用系数 = 4×8×0.8 = 25.6(m^3/台班)

（5）机械时间定额 = 1/25.6 = 0.04(台班/m^3)

本单元小结

定额即标准或尺度，也就是数量标准。

建筑工程定额是在正常施工生产条件下，完成单位合格建安产品所必须消耗的人材机以及费用的数量标准。

定额分类方式很多，可以按生产要素分类，也可按编制程序和用途分类，还可按专业费用性质、编制单位与执行范围分类。

工作时间包括定额时间（必需消耗的时间）和非定额时间（损失时间）。

施工中实体性材料的消耗由材料净用量和材料损耗量组成。实体材料的消耗量确定，一般是通过现场技术测定法、实验室试验法、现场统计法和理论计算法等方法获得的。

周转性材料的耗用量是按多次使用、分次摊销的方法计算的，用摊销量表示。

人工工日消耗和机械台班消耗量的确定都要考虑幅度差。

习　　题

1. 某砌筑一砖墙工程，技术测定资料如下：

（1）完成 1m^3 砌体的基本工作时间为 16.6h（折算成一人工作），辅助工作时间为工作班的 3%，准备与结束时间为工作班的 2%，不可避免的中断时间为工作班的 2%，休息时间为工作班的 18%，超运距运输砖每千块需耗时 2h；人工幅度差系数为 10%。

（2）砌墙采用 M5 水泥砂浆，砖和砂浆的损耗率分别为 3% 和 8%，完成 1m^3 砌体需耗水 0.8m^3，其他材料占上述材料的 2%。

（3）砂浆用 400L 搅拌机现场搅拌，其资料如下：运料 200s，装料 40s，搅拌 80s，卸料 30s，正常中断 10s，机械利用系数 0.8，幅度差系数 15%。

在不考虑题目未给出的其他条件下，试确定：砌筑每立方米一砖墙的施工定额（人工、材料、机械台班消耗量）。

2. 某框架间黏土空心砖墙厚 240mm，黏土空心砖规格为 240mm×115mm×9mm。墙体净尺寸为：长 5m，高 3m。砌筑砂浆为 M5.0 混合砂浆，黏土空心砖的损耗率为 1%，砌筑砂浆损耗率为 1%。试计算每 10m³ 此类型墙体空心砖、混合砂浆的净用量及消耗量。

3. 预制 0.5m² 内钢筋混凝土柱，每 10m³ 砼模板一次使用量为 10.20m³，周转 25 次。试计算摊销量。

4. 人工挖土方（土壤系潮湿的黏性土，按土壤分类属二类土）测时资料表明，挖 1m³ 需消耗基本工作时间 60min，辅助工作时间占工作班延续时间 2%，准备与结束工作时间占 2%，不可避免中断时间占 1%，休息占 20%。试确定其时间定额和产量定额。

学习单元2　人工、材料、机械台班单价

2.1　人工单价

人工单价是指一个建筑安装生产工人一个工作日在计价时应计入的全部人工费用，一般包括计时工资或计件工资、奖金、津贴补贴、加班加点工资、特殊情况下支付的工资。它基本上反映了建筑安装生产工人的工资水平和一个工人在一个工作日中可以得到的报酬。

工作日，简称工日，是指一个工人工作一天，按照我国《劳动法》规定，一个工作日的工作时间为8h。

2.1.1　日工资单价的组成

人工单价的构成在各地区、各部门不完全相同，目前，我国现行规定生产工人的人工工日单价组成如下：

（1）计时工资或计件工资：是指按计时工资标准和工作时间或对已做工作按计件单价支付给个人的劳动报酬。它与工人的技术等级有关，一般来说，技术等级越高，工资越高。

（2）奖金：是指对超额劳动和增收节支支付给个人的劳动报酬，如节约奖、劳动竞赛奖等。

（3）津贴补贴：是指为了补偿职工特殊或额外的劳动消耗，或因其他特殊原因支付给个人的津贴，以及为了保证职工工资水平不受物价影响支付给个人的物价补贴，如流动施工津贴、特殊地区施工津贴、高温（寒）作业临时津贴、高空津贴等。

（4）加班加点工资：是指按规定支付的在法定节假日工作的加班工资和在法定日工作时间外延时工作的加点工资。

（5）特殊情况下支付的工资：是指根据国家法律、法规和政策规定，因病、工伤、产假、计划生育假、婚丧假、事假、探亲假、定期休假、停工学习、执行国家或社会义务等原因按计时工资标准或计时工资标准的一定比例支付的工资。

2.1.2　日工资单价的计算

$$日工资单价 = \frac{生产工人平均月工资（计时、计件）+平均月（奖金+津贴补贴+特殊情况下支付的工资）}{年平均每月法定工作日}$$

其中，

$$年平均每月法定工作日 = \frac{全年日历日 - 法定假日}{12}$$

$$全年工作日 = 365(全年日历日) - 11(法定节假日天数) - 104(休息日天数) = 250(天)$$

$$年平均每月法定工作日 = \frac{年工作日天数}{12} = 20.83(天)$$

$$月计薪天数 = \frac{年计薪天数}{12} = \frac{全年工作日 + 法定节假日天数}{12} = \frac{250+11}{12} = 21.75(天)$$

法定假日是指双休日和法定节假日，法定节假日分别是元旦(1天)、春节(3天)、清明节(1天)、国际劳动节(1天)、端午节(1天)、中秋节(1天)、国庆节(3天)。

工程造价管理机构确定日工资单价时，应通过市场调查，根据工程项目的技术要求，参考实物工程量人工单价综合分析确定，最低日工资单价不得低于工程所在地人力资源和社会保障部门所发布的最低工资标准：普工1.3倍、一般技工2倍、高级技工3倍。

工程计价定额不可只列一个综合工日单价，应根据工程项目技术要求和工种差别适当划分多种日人工单价，确保各分部工程人工费的合理构成。

【例2.1】 某瓦工平均月工资为1666.4元，月奖金补贴等为208.3元。求日工资单价。

【解】日工资单价 $= \frac{1666.4 + 208.3}{20.83} = 90(元/工日)$

2.2 材料预算价格

材料费是指施工过程中耗费的原材料、辅助材料、构配件、零件、半成品或成品、工程设备的费用。

材料预算价格又叫做材料单价，是指材料由来源地或交货地点到达工地仓库或施工现场堆放地点后的平均出库价格，包括货源地至工地仓库之间的所有费用。其内容包括材料原价、材料运杂费、材料运输损耗费、材料采购及保管费四个方面，如图2.1所示。

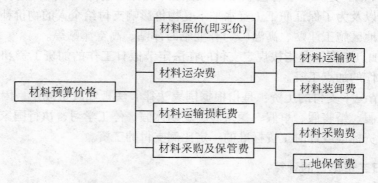

图2.1 材料预算价格组成示意图

2.2.1　材料原价计算

材料原价是指材料、工程设备的出厂价格或商家供应价格。

在确定材料原价时，凡同一种材料因产地、供应渠道、生产厂家不同出现几种原价时，根据不同来源地供货数量比例，可按加权平均的方法计算其综合原价。

$$加权平均材料原价 = \frac{\sum 各来源地材料原价 \times 各来源地材料数量}{\sum 各来源地材料数量}$$

2.2.2　材料运杂费计算

材料运杂费是指材料、工程设备自来源地运至工地仓库或指定堆放地点所发生的全部费用，包括车船运输（运费、过路、过桥费）、装卸费和合理的运输用损耗费等。

$$材料的运输费 = \sum (各购买地的材料运输距离 \times 运输单价 \times 各地权数)$$

$$材料的装卸费 = \sum (各购买地的材料装卸单价 \times 各地权数)$$

$$材料运杂费 = 材料运输费 + 材料装卸费$$

材料运输损耗费是指材料在运输及装卸过程中不可避免的损耗，如材料不可避免的损坏、丢失、挥发等。

$$材料运输损耗费 = (材料原价 + 材料运杂费) \times 运输损耗率$$

2.2.3　材料采购及保管费

材料采购及保管费是指为组织采购、供应和保管材料、工程设备的过程中所需要的各项费用，包括材料采购费、仓储费、工地保管费、仓储损耗等。

（1）材料采购费：是指采购人员的工资、异地采购材料的车船费、市内交通的费用、住勤补助费、通信费等。

（2）工地保管费：是指工地材料仓库的搭建、拆除、维修费用，仓库保管人的费用，仓库材料的堆码整理费用以及仓储损耗。

建筑材料的种类、规格繁多，采购保管费不可能按每种材料在采购过程中所发生的实际费用计取，只能规定几种费率。目前，我国规定的综合采购保管费率为 2.5%（其中采购费率为 1%，保管费率为 1.5%）。采购及保管费率也可由各省、市、自治区建设行政主管部门制定。

由建设单位供应材料到现场仓库，施工单位只收取保管费，有些地区规定在这种情况下，建设单位收取其中的 20%，施工单位收取其中的 80%。

$$采购保管费 = [(材料原价 + 运杂费) \times (1 + 运输损耗率)] \times 采购保管费率$$

或

$$采购保管费 = (材料原价 + 运杂费 + 运输损耗费) \times 采购保管费率$$

2.2.4　材料预算价格

$$材料单价 = [(材料原价 + 运杂费) \times (1 + 运输损耗率)] \times (1 + 采购及保管费率)$$

或

材料预算价格=材料原价+运杂费+运输损耗费+采购及保管费率

工程设备单价=(设备原价+运杂费)×[1+采购保管费率(%)]

工程设备是指构成或计划构成永久工程一部分的机电设备、金属结构设备、仪器装置及其他类似的设备和装置。

【例2.2】 假设某建筑工地需要某种材料共计1500t，该种材料有甲、乙、丙三个供货地点，甲地出厂价格为290元/t，可供需要量的20%，乙地出厂价格为285元/t，可供需要量的30%，丙地出厂价格为270元/t，可供需要量的50%；又已知甲地距离施工地点30km，乙地距离施工地点28km，丙地距离施工地点25km。该地区水泥汽车运输费为2元/(t·km)，装卸费为2.5元/t，调车费为0.8元/t。假使该种材料的运输损耗率为1%，该种材料采购及保管费率为2.5%。求该种材料的预算价格。

【解】 材料原价：$\dfrac{290\times1500\times20\%+285\times1500\times30\%+270\times1500\times50\%}{1500}=278.5（元/t）$

加权平均运距：$30\times20\%+28\times30\%+25\times50\%=26.9（km）$

材料运杂费：$26.9\times2+2.5+0.8=57.1（元/t）$

运输损耗费：$(278.5+57.1)\times1\%=3.36$ 元/t

采购保管费：$(278.5+57.1+3.36)\times2.5\%=8.47（元/t）$

材料预算价格：$278.5+57.1+3.36+8.47=347.43（元/t）$

2.3 施工机械台班单价

施工机械台班单价也称为施工机械台班使用费，是指一台施工机械在正常运转条件下，一个工作班中所发生的全部费用。施工机械台班单价以"台班"为计量单位，一台机械工作一班(8h)为一台班。一个台班中，为使机械正常运转所支出和分摊的各种费用之和，称为施工机械台班单价，或称为台班使用费。

2.3.1 施工机械台班单价的组成

施工机械台班单价由七项费用组成，按性质分为第一类费用和第二类费用。

第一类费用也称不变费用，属于分摊性质的费用，包括折旧费、大修理费、经常修理费、安拆费及场外运费。

第二费用也称可变费用，属于支出性质的费用，包括人工费、燃料动力费、养路费及车船使用税。

2.3.2 第一类费用计算

1. 折旧费

折旧费是指施工机械在规定使用期限内，陆续收回其原值及购置资金的时间价值。

$$台班折旧费=\frac{机械预算价格\times(1-残值率)\times时间价值系数}{耐用总台班}$$

或表述为

$$台班折旧费=\frac{机械预算价格\times(1-残值率)+贷款利息}{耐用总台班}$$

2. 大修理费

大修理费是指施工机械按规定的大修理间隔台班进行必要的大修理，以恢复机械正常功能所需的费用。台班大修理费是机械使用期限内全部大修理费之和在台班费用中的分摊额，它取决于一次大修理费用、大修理次数和耐用总台班的数量。

$$台班大修理费 = \frac{一次大修理费 \times 寿命期内大修理次数}{耐用总台班}$$

3. 经常修理费

经常修理费是指施工机械除大修理以外的各级保养和临时故障排除所需的费用，包括：为保障机械正常运转所需替换设备、随机配备工具、附具的摊销和维护费用，机械运转及日常保养所需润滑与擦拭的材料费用及机械停滞期间的维护和保养费用等。这些分摊到台班费中，即为台班经修费。

$$台班经修费 = \frac{\sum (各级保养一次费用 \times 寿命期各级保养总次数) + 临时故障排除费}{耐用总台班}$$
$$+ 替换设备和工具附具台班摊销费 + 例保辅料费$$

当台班经常修理费计算公式中各项数值难以确定时，也可按下列公式计算：

$$台班经修费 = 台班大修费 \times K$$

式中，K 为台班经常修理费系数。

4. 安拆费及场外运费

安拆费是指施工机械(大型机械除外)在现场进行安装与拆卸所需的人工、材料、机械和试运转费用。场外运费是指施工机械整体或分体自停放地点运至施工现场或由一施工地点运至另一施工地点的运输、装卸、辅助材料及架线等费用。

安拆费及场外运费根据施工机械不同，可分为以下三种类型：

(1)计入台班单价的小型机械及部分中型机械。

工地间移动较为频繁的小型机械及部分中型机械，其安拆费及场外运费应计入台班单价。

$$台班安拆费及场外运费 = \frac{一次安拆费及场外运费 \times 年平均安拆和运输次数}{年工作总台班}$$

(2)单独计算安拆费及场外运费的特、大型(包括少数中型)机械。

有一定难度的特、大型(包括少数中型)机械，其安拆费及场外运费应单独计算。

单独计算的安拆费及场外运费除应计算安拆费、场外运费外，还应计算辅助设施(包括基础、底座、固定锚桩、行走轨道枕木等)的折旧、搭设和拆除等费用。

(3)不需安装、拆卸的机械。

不需安装、拆卸且自身又能开行的机械和固定在车间不需安装、拆卸及运输的机械，其安拆费及场外运费不计算。

另外，自升式塔式起重机安装、拆卸费用的超高起点及其增加费，各地区(部门)可根据具体情况确定。

2.3.3   第二类费用计算

1. 机上人工费

机上人工费是指机上司机(司炉)和其他操作人员的人工费及上述人员在施工机械规

定的年工作台班以外的人工费

$$台班人工费 = 人工消耗量 \times \left(1 + \frac{年制度工作日 - 年工作台班}{年工作台班}\right) \times 人工单价$$

式中，人工消耗量是指机上司机（司炉）和其他操作人员工日消耗量。

2. 燃料动力费

燃料动力费是指施工机械在运转作业中所耗用的固体燃料（煤、木柴）、液体燃料（汽油、柴油）及水、电等费用。

3. 养路费及车船使用税

这指施工机械按照国家和有关部门规定应交纳的养路费、车船使用税、保险费及年检费等。该单价中还包括第三者责任保险费用、货运补偿费等。

【例2.3】 某10t载重汽车有关资料如下：购买价格（辆）125000元；残值率6%；耐用总台班1200台班；修理间隔台班240台班；一次性修理费用4600元；修理周期5次；经常维修系数 $K = 3.93$，年工作台班为240台班；每月每吨养路费80元/月；每台班消耗柴油40.03kg，柴油单价3.90元/kg；按规定年交纳保险费6000元。试确定台班单价。

【解】根据上述信息逐项计算如下：

折旧费 = 125000(1 - 6%) ÷ 1200 = 97.92（元/台班）

大修理费 = 4600(5 - 1) ÷ 1200 = 15.33（元/台班）

经常修理费 = 15.33 × 3.93 = 60.25（元/台班）

机上人员工资 = 2.0 × 30.00 = 60.00（元/台班） （2.0工日/台班，30.00元/工日）

燃料动力费 = 40.03 × 3.90 = 156.12（元/台班）

养路费 = (10 × 80 × 12) ÷ 240 = 40.00（元/台班）

车船使用税 = 360 ÷ 12 = 30.00（元/台班）

保险费 = 6000 ÷ 240 = 25.00（元/台班）

该载重汽车台班单价 = 97.92 + 15.33 + 60.25 + 60.00 + 156.12 + 40.00
+ 30.00 + 25.00 = 484.62（元/台班）

2.3.4 施工机械停滞费

这是指由于设计或建设单位责任而造成的现场在用施工机械停滞费用。依据双方现场签证数量，按照相应的机械台班费用定额停滞费单价计取。

机械台班消耗量中已考虑了施工中合理的机械停滞时间和机械的技术中断时间，但特殊原因造成机械停滞时，可以计算停滞台班，停滞台班量按实际停滞的工作日天数计算（扣除法定节假日）。机械台班是按8h计算的，一天24h，机械工作台班一天最多可计3个台班，但停滞台班一天只能计算1个。

【例2.4】 某商场柱面挂贴进口大理石工程，定额测定资料如下：

完成每平方米柱面挂贴进口大理石的基本工作时间为4.8h。

辅助工作时间、准备与结束工作时间、不可避免中断时间和休息时间分别占工作延续时间的比例分别为3%、2%、1.5%和16%。

挂贴100m²，进口大理石需消耗如下材料：水泥砂浆5.56m³，600mm×600mm进口大理石102m²，白水泥15.5kg，铁件34.89kg，塑料薄膜28.03m²，水1.57m³。

挂贴 $100m^2$ 进口大理石需 $200L$ 砂浆搅拌机 0.93 台班。

该地区人工工日单价：30.00 元/工日，进口大理石预算价格：480.00 元/m^2，白水泥预算价格：0.56 元/kg，铁件预算价格：55.3 元/kg，塑料薄膜预算价格：0.90 元/m^2，水预算价格：1.25 元/m^3，$200L$ 砂浆搅拌机台班单价：43.80 元/台班，水泥砂浆单价：168.00 元/m^3。

若预算定额人工幅度差为 10%，不考虑辅助用工及超运距用工，试编制该单项工程的预算定额单价。

【解】（1）人工时间定额的确定。

设：每平方米柱面挂贴进口大理石的工作延续时间为 x，则

$x=4.8+(3\%+2\%+1.5\%+16\%)x$

$x=\dfrac{4.8}{(1-22.5\%)}=6.19(h)$

每工日按 $8h$ 计算，则

每平方米人工时间定额 $=\dfrac{6.19}{8}=0.77(工日/m^2)$

（2）根据时间定额确定预算定额的人工消耗指标计算人工费。

预算定额人工消耗量 = 基本用工 + 其他用工 = $0.77\times(1+10\%)=0.85(工日)$

预算定额人工费 = 人工消耗指标×工日单价×100 = $0.85\times30\times100=2250(元/100m^2)$

（3）根据背景资料、计算材料费和机械费。

材料费 = $5.56\times168+102\times480+15.5\times0.56+34.89\times55.3+28.03\times0.9$
$+1.57\times1.25=51859.37(元/100m^2)$

机械费 = $0.93\times43.80=40.73(元/100m^2)$

（4）每 $100m^2$ 挂贴进口大理石预算单价计算。

预算单价 = 人工费 + 材料费 + 机械费 = $2550+51859.37+40.73=54450.10(元)$

本单元小结

人工单价表现形式为日工资，包括计时工资或计件工资、奖金、津贴补贴、加班加点工资、特殊情况下支付的工资，与工人技术水平有关。施工企业与造价管理部门的测算方法有所差异。

材料是指施工过程中耗费的原材料、辅助材料、构配件、零件、半成品或成品、工程设备等。材料单价包括材料原价、材料运杂费、运输损耗费、材料采购及保管费四个方面。

施工机械台班单价由七项费用组成，按性质分为第一类费用和第二类费用。第一类费用也称不变费用，属于分摊性质的费用，包括折旧费、大修理费、经常修理费、安拆费及场外运费；第二类费用也称可变费用，属于支出性质的费用，包括人工费、燃料动力费、养路费及车船使用税。

习　题

1. 某装饰工平均月工资为1500元，奖金及补贴等平均每月180元，加班费平均每月100元。试计算日工资单价。

2. 某工地需水泥15000t，有两个供货点。甲地出厂价格为320元/t，可供需用量的40%；乙地地出厂价格为300元/t，可供需用量的60%。甲地距离工地20km，乙地距工地25km。该地区汽车运输费为0.2元/(t·km)，装卸费2元/t，厂外运输损耗为1%，采购保管费率为2.5%。试计算该水泥单价。

3. 什么是人工单价？组成内容包括哪些？如何确定？调查本地区人工单价。

4. 什么是材料单价？由哪几部分组成？

5. 什么是机械台班单价？由哪几部分组成？

学习单元3　建筑工程定额应用

预算定额一般由总说明、分部说明、建筑面积计算规则、工程量计算规则、分项工程消耗指标、分项工程基价、机械台班预算价格、材料预算价格、砂浆和混凝土配合比表、材料损耗率表等内容构成。

目前，我国的计价定额表现形式分两类。一类是"量价分离"的定额项目表，如《全国统一建筑工程基础定额》（GJD-101—95）；另一类是"量价合一"的定额单位估价表，如2008年《湖北省建筑工程消耗量定额及统一基价表》。

定额既是实行工程量清单计价办法时配套的消耗量定额，也是实行定额计价办法时的全省统一基价表。应用定额是指根据分部分项工程项目的内容，正确地套用定额项目，确定定额基价，计算其人材机的消耗量。定额的正确应用是预算的编制（工程造价的确定）是否合理的重要影响因素之一。

3.1　直接套用定额

在选择定额项目时，当工程项目的设计要求、材料种类、施工做法、技术特征和技术组织条件与定额项目的工作内容和规定相一致时，可直接套用定额。

当实际内容与定额不完全一致且定额又不允许换算时，应直接定额，如2008年《湖北省建筑工程消耗量定额及统一基价表》（以下简称2008年湖北建筑定额）中规定人工工日及单价、脚手架材料与搭设方式、机械种类、垂直运输方式、涂料操作方法等实际内容与定额不完全一致时，不允许换算，应直接定额。

大多数情况下是可以直接套用定额的。套用时应注意以下几点：

（1）熟悉施工图上分项工程的设计要求、施工组织设计上分项工程的施工方法，初步选择套用项目。

（2）核对定额项目分部工程说明、定额表上工作内容、表下附注说明、材料品种和规格等内容是否与设计一致。

（3）分项工程或结构构件的工程名称和单位应与定额一致。

【例3.1】　M10水泥砂浆砌标准砖基础，工程量为40m³。试分析所需水泥、砂、碎石、砖的用量。

【解】以2008年湖北建筑定额为例，工程设计内容与该定额项目砖基础完全一致，可直接套用。应注意工程单位必须化为与定额单位一致。

直接套用定额子目A2-1：M10水泥砂浆砌砖基础工程量为40m³。

标准砖：5.236（千块/10m³）×40m³＝20.944千块

M10水泥砂浆：2.36m³/10m³×40m³＝9.44m³

又查定额附表子目 5-10（P1066）：

32.5 水泥：270（kg/m³）×9.44m³=2548.8kg

中（粗）砂：1.18（m³/m³）×9.44m³=11.14m³

3.2 预算定额的换算

设计要求技术特征和施工做法与定额中某些子目相近，按定额规定允许换算的分项工程，可按相近的分项工程定额进行调整和换算后再使用。一般仅对需要换算的内容进行换算，不需要换算的部分保持不变。

换算基本思路：

换算后的定额基价=原定额基价+换入的费用-换出的费用

3.2.1 换算的四种类型

（1）材料种类不同时的换算。换算公式：

换算后的定额基价=原定额基价+定额用量×（换入材料单价-换材料单价）

（2）规格用量不同时的换算。换算公式：

换算后的定额基价=原定额基价+（换入消耗量-换出消耗量）×材料定额单价

（3）乘系数换算。使用某些定额项目时，定额的一部分或全部乘以规定系数。

（4）定额说明的其他换算是指除上述三种情况以外的定额换算。

3.2.2 材料种类不同时的换算

1. 砌筑砂浆强度等级不同时的换算

当设计图纸要求的砌筑砂浆强度等级在预算定额中缺项时，就需要调整砂浆强度等级，求出新的定额基价。

由于砂浆用量不变，所以人工费、机械费不变，因而只换算砂浆强度等级和调整砂浆材料费。

砌筑砂浆换算公式为

换算后定额基价=原定额基价+定额砂浆用量×（换入砂浆基价-换出砂浆基价）

【例 3.2】 试求 30m³ 的 M10 水泥砂浆砖基础的定额直接费和材料消耗量。

【解】套用 2008 年湖北建筑定额（结构分册）子目 A2-2：

M7.5 水泥砂浆砖基础，基价=2141.75 元/10m³；

M7.5 水泥砂浆用量：2.36m³/10m³。

定额换算（查定额附表）：

查附表子目 5-9：M7.5 水泥砂浆，基价=148.19 元/m³；

查附表子目 5-10，M10 水泥砂浆，基价=157.81 元/m³。

换算后基价=2141.75+（157.81-148.19）×2.36=2151.37（元/10m³）

计算定额直接费=3.0×2151.37=6454.11（元）

2. 抹灰砂浆配合比不同时的换算

当设计图纸要求的抹灰砂浆配合比与预算定额的抹灰砂浆配合比不同时，就要进行抹灰砂浆换算。

当抹灰厚度不变，只换算配合比时，人工费、机械费不变，只换算砂浆配合比和调整砂浆材料费。

抹灰砂浆配合比换算公式为

换算后定额基价 = 原定额基价 + 定额砂浆用量 × (换入砂浆基价 − 换出砂浆基价)

【例3.3】　某工程外砖墙面的底层和面层抹灰设计均为 1∶1∶2 混合砂浆。试确定其基价。

【解】依据 2008 年湖北建筑定额(查装饰装修分册)。

套用子目 B2-36：混合砂浆外砖墙面(15+5mm)，基价 = 1065.06 元/100m²；

面层材料：1∶0.5∶3 混砂，用量 = 0.58m3/100m²；

底层材料：1∶1∶6 混砂，用量 = 1.73m³/100m²。

定额换算：因项目设计要求与定额子目 B2-36 底层和面层砂浆配合比均不同，按本定额墙柱面装饰分部工程说明第一条规定，应该换算。

查附表子目 6-5：1∶0.5∶3 混合砂浆，单价 = 206.46 元/m³；

查附表子目 6-13：1∶1∶6 混合砂浆，单价 = 152.33 元/m³；

查附表子目 6-9：1∶1∶2 混合砂浆，单价 = 203.10 元/m³

套用定额子目 B2−36 换：基价 = 1065.06 + [203.10 × (1.73 + 0.58) − (206.46 × 0.58 + 152.33 × 1.73)] = 1150.94 元/100m²。

3. 砼强度等级不同的换算

当设计要求构件采用的混凝土强度等级，在预算定额中没有相符合的项目时，就产生了混凝土强度等级或石子粒径的换算。

混凝土用量不变，人工费、机械费不变，只换算混凝土强度等级或石子粒径。

砼强度等级换算公式为

换算定额基价 = 原定额基价 + 定额混凝土用量 × (换入混凝土基价 − 换出混凝土基价)

【例3.4】　某工程用现浇钢筋混凝土单梁设计为 C25。试确定其混凝土基价。

【解】依据 2008 年湖北建筑定额，查结构分册，可知定额子目为 A3-28。

套用定额子目 A3-28：C20 单梁，基价 = 2745.89 元/10m³；C20 砼用量：10.15m³/10m³。

(1)确定 C20 混凝土单梁相关参数。碎石的最大粒径 40mm；由"总说明"可知，现浇混凝土坍落度为 30～50mm

(2)换算基价(查附表)。

查附表子目 1−55：C20 碎石砼，坍落度 30～50mm，石子最大粒径 40mm，基价 = 177.44 元/m³；

查附表子目 1−56：C25 碎石砼，坍落度 30～50mm，石子最大粒径 40mm，基价 = 190.03 元/m³；

套用定额子目 A4−28 换：C25 单梁，基价 = 2745.89 + (190.03 − 177.44) × 10.15 = 2886.79(元/10m³)。

4. 饰面板材(或玻璃)种类不同时的换算

当设计要求的饰面板材(或玻璃)种类在预算定额中没有相符合的项目时，就产生饰面板材(或玻璃)种类的换算。

饰面板材(或玻璃)用量不变,人工费、机械费不变,只换算饰面板材(或玻璃)种类。

饰面板材(含玻璃)种类换算公式为

换算后的基价=原定额基价+定额用量×(换入材料单价-换出材料单价)

【例3.5】 某工程用中密度板门窗套(无骨架)外贴枫木板。试确定其基价。

【解】 依据2008年湖北建筑定额,查装饰分册,可知定额子目为B5-321。

套用定额子目B5-321:基价=12142.63元/100m²;榉木板消耗量105m²/100m²,单价16.13元/m²。

查材料价格取定表知:枫木板22.28元/m²。

套用定额子目B5-321换:基价=12142.63+(22.28-16.13)×105

$$=12788.38(元/100m^2)$$

3.2.3 规格用量不同时的换算

当设计要求材料的规格在预算定额中没有相符合的项目时,就产生规格用量不同时的换算。如砂浆厚度、门窗框扇料和幕墙材的断面规格、砌块规格、扶手栏杆栏板规格、龙骨规格间距等与定额取定不同时,消耗量就不同。

材料种类没变,用量有变化,一般人工费、机械费不变,只换算材料消耗量。

饰面板材(含玻璃)种类换算公式为

换算后基价=原定额基价+(换入消耗量-换出消耗量)×材料定额单价

1. 定额注明厚度的砂浆厚度不同时(含墙面地面找平层、结合层、面层)的换算

在湖北省定额中,如设计与定额取定抹灰厚度不同时,除定额有注明厚度的项目可以换算外,其他一律不作调整。定额允许换算的,套用相应的厚度增减定额子目。

2. 门窗框扇料、幕墙材的断面规格型号不同时的换算

对木门窗,有计算公式:

换算后木材体积=设计断面(加刨光损耗)÷定额断面×定额体积

【例3.6】 已知某单扇带亮无纱镶板门的门框料为65mm×105mm(未加刨光损耗)。试求此镶板门项目制作基价。

【解】 依据2008年湖北建筑定额,无纱门框断面定额取定为60mm×100mm,设计为65mm×105mm(未加刨光损耗)。

按定额公式换算框料材积,加刨光损耗断面为68mm(一面刨光加3mm)×110mm(两面刨光加5mm),查定额子目B5-9,一等中枋消耗量为1.972m³/100m²。

$$换算后材积=\frac{设计断面(加刨光损耗)}{定额断面}×定额材积=\frac{68×110}{60×100}×1.972=2.456(m^3)$$

将B5-9定额项目每100m² 1.972m³框料木材体积换算为新的框料材积2.456m³,再计算子目基价。

套用定额子目B5-9换:

基价=11572.00+1800×(2.456-1.972)=12443.20(元/100m²)

3. 饰面板(砖)规格用量不同的换算

【例3.7】 试求外墙贴釉面砖150mm×75mm、灰缝22mm(砂浆粘贴)项目的定额基价。

【解】 依据2008年湖北建筑定额：

(1)套用定额(查装饰分册)。

套用定额子目B2-266：外墙贴釉面砖灰缝20(砂浆粘贴)，基价=6022.33元/100m²；

面砖用量：77.77m²/100m²，单价=32.00元/m²；

灰缝1∶1水泥砂浆用量：0.41m³/100m²，单价=296.71元/m³。

(2)定额换算。

根据本分部定额说明第六条(P133)，需调整块料和灰缝材料用量。

$$调整后釉面砖(150\times75)消耗量=\frac{(0.15+0.020)\times(0.075+0.020)}{(0.15+0.022)\times(0.075+0.022)}\times77.77=75.28(m^2)$$

设釉面砖的损耗率为x，则

$$\frac{100\times0.15\times0.075}{(0.15+0.02)\times(0.075+0.02)}\times(1+x)=77.770(m^2)$$

解得$x=11.643\%$。

根据换算前后灰缝(面砖)厚度相等的原则，可得：

$$灰缝1∶1水泥砂浆消耗量=\frac{100-\frac{75.28}{1.11643}}{100-\frac{77.77}{1.11643}}\times0.41=0.44(m^3)$$

套用定额子目B2-266换：

基价=6022.33+[(75.28-77.77)×32+(0.44-0.41)×296.71]=5951.55(元/100m²)

3.2.4 乘系数换算

2008年《湖北省建筑工程消耗量定额及统一基价表》总说明、分部说明或附注中规定的按单位估价表中的工、料、机或工、料、机合计乘以系数的分项工程，都属于乘系数换算的项目。

使用某些定额项目时，定额的一部分或全部乘以规定的系数。例如，《湖北省建筑工程消耗量定额及统一基价表》(2008)中注明(摘录)：

(1)木门窗中木枋木种均以一、二类种为准，如采用三、四类木种时，人工和机械乘以系数1.24；

(2)不规则墙面抹灰、镶贴块料按相应项目人工乘以系数1.15，材料乘以系数1.05；

(3)坡度大于等于26°34′的斜板屋面，钢筋制安工日乘以系数1.25；现浇斜板坡度大于26°34′时，砼定额工日增加20%；坡度在11°19′至26°34′时，砼定额工日增加15%。

……

$$换算后预算基价=调整部分价格\times调整系数+不调整部分原价格$$

或

$$换算后预算基价=定额基价\times调整系数$$

应用时要注意以下两点：

(1)要区分定额系数和工程量系数，定额系数要在统一基价表中考虑；工程量系数应在工程量上考虑。至于某个系数是定额系数还是工程量系数，则要看定额的具体规定。

(2)要区分系数应乘在统一基价表的何处，是乘在人工、材料、机械费合计(即基价)

上，还是乘在人工费、材料费或机械费上。

【例3.8】 计算圆形柱外镶贴马赛克（砂浆粘结）的定额基价。

【解】依据2008年湖北建筑定额：

（1）查定额子目 B2-209：柱面砂浆粘结陶瓷锦砖，基价 = 5174.15 元/100m²，人工费 = 3544.92 元/100m²，材料费 = 1605.86 元/100m²。

（2）定额换算，根据本分部说明第五条，人工乘以系数1.15，材料乘以系数1.05。

套用定额子目 B2-209 换：基价 = 3544.92×1.15+1605.86×1.05+23.37

$$= 5786.18（元/100m^2）$$

3.2.5 定额说明的其他换算

这里是指上述说明之外的换算。依据2008年湖北建筑定额，以下例讲解。

（1）预制方桩和预制管桩为外购产品时，按定额取定价（包括钢筋、砼、模板）计入基价。实际购买价与取定价不同时，按价差处理。

（2）凡以投影面积或延长米计算的构件，如每平方米或每延长米砼用量（包括砼损耗率）大于或小于定额砼含量，在±10%以内不予调整，超过10%，则每增减1m³砼，其人工、材料、机械按下列规定另行计算：人工：2.61 工日；材料：砼 1m³；机械：搅拌机0.1 台班，插入式震动器0.2 台班。

【例3.9】 某工程栏板为C20 现浇钢筋砼，高800mm、厚80mm。试确定其基价。

【解】查 2008 年湖北建筑定额子目 A3-47：C20 砼栏板，基价 = 164.23 元/10m，C20砼用量 = 0.49m³/10m。

计算砼的实际用量 = 0.08×0.80×10×1.015 = 0.65（m³/10m）

判断基价是否调整：（0.65-0.49）÷0.49 = 0.16÷0.49 = 32.65% >10%

故子目 A3-47 基价应换算。

基价换算（人工分割：普工/技工 = 5.5/4.5，商品灌注桩（人工挖孔桩除外）为3/7）：

人工费调增 = 2.61×0.16×（0.55×42+0.45×48） = 18.67（元/10m）

材料费调增 = 191.98×1×0.16 = 30.72（元/10m）

机械费调增 = （146.93×0.1+13.25×0.2）×0.16 = 2.78（元/10m）

基价调增 = 人、材、机调整之和 = 18.67+30.72+2.78 = 52.17（元/10m）

套用定额子目 A3-47 换，得

换算后基价 = 原定额基价+基价调整 = 164.23+52.17 = 216.40（元/10m）

3.3 补充定额

如果设计采用的某些新材料、新结构、新技术等分项工程未编入现行定额中，也没有相近的定额项目可以参照，则必须编制补充定额，经主管部门审批后进行套用。补充的方法一般有以下两种：

1. 定额代换法

这种方法即利用性质相似、材料大致相同，施工方法又很接近的定额项目，将类似项目分解套用或考虑（估算）一定系数调整使用。此种方法一定要在实践中注意观察和测定，合理确定系数，保证定额的精确性，也为以后新编定额项目做准备。

2. 定额编制法

材料用量按图纸的构造做法及相应的计算公式计算，并加入规定的损耗率，或经有关技术和定额人员讨论确定；人工及机械台班使用量可按劳动定额、机械台班使用定额计算；然后乘以人工日工资单价、材料预算价格和机械台班单价，即得到补充定额基价。

3.4　据实计算

据实计算是针对无共同规律可循且发生概率不大的项目而言的，例如，《湖北建筑工程消耗量定额及统一基价表》(2008)规定：山上施工额外的运输、地下水位以下的排水费用、工作面以外运输路面维修养护保洁挖填清障等费用、施工缝费用等，发生时，据实计算。

本单元小结

定额应用的一般情况是定额的直接套用。直接套用定额应把握两条原则：一是，设计规定的做法与要求和定额工作内容或要求相符合时直接套用；二是，实际内容与定额不完全相同而定额又不允许换算时直接套用。

当设计规定的做法与要求和定额工作内容或要求不尽相符合时，涉及定额应用的其他三种方法：定额的换算、定额的补充、据实计算。

对定额的换算，应把握在"实际内容与定额不完全相同且定额又允许换算"的原则下进行，定额换算有四个方面：材料种类的换算(一般价换量不变)；材料规格、用量的换算(一般量变价不变)；乘系数的换算；定额允许的其他换算。

习　　题

1. 某工程墙面(轻质砌块墙面)的抹灰设计均为 1：1：6 混合砂浆，厚度为底层+面层=12mm+6mm。试确定其定额基价。

2. 某工程用现浇钢筋混凝土有梁板混凝土强度等级为 C30。试确定其定额基价。

3. 某外墙水泥砂浆粘贴 200mm×100mm 面砖，面砖灰缝宽 20mm。试求该项目的定额基价。

4. 某项目的现浇 C25 混凝土楼梯，水平投影面积为 200m^2，楼梯混凝土体积为 56m^3。试求该项目的定额直接费。

5. 某弧形墙面干挂花岗岩(密缝)400m^2。试计算该项目的定额直接费。

学习单元 4　工程量计算概述

4.1　工程量计算

完整的建筑工程计价应该有完整的分项工程项目，也就是要针对项目划分完整的分项工程项目，这也就是列项。分项工程项目是构成单位工程计价费用的最小单位。一般情况下，计价中出现了漏项或重复项目，就是指漏掉了分项工程项目，或有些项目重复计算了。

工程量是指按建筑工程量计算规则计算，以自然计量单位或物理计量单位所表示各分部分项工程或结构、构件的实物数量。常用的计量单位有 $10m^2$、$10m$、m^3、樘、只、座、个等。

4.1.1　工程量计算的依据

建筑工程的施工图纸、相应的标准图集、相应建筑工程量计算规则（规范）是准确列项与工程量计算的依据。

4.1.2　工程量计算的顺序

一个建筑物或构筑物是由多个分部分分项工程组成的，少则几十项，多则上百项。列项与计算工程量时，为避免出现重复列项计算或漏算，应该按照一定的顺序进行。

各部分工程之间工程量的计算顺序一般有以下三种：

1. 规范顺序法

这是完全按照预算定额中分部分分项工程的编排顺序进行工程量的计算。其主要优点是能依据建筑工程预算定额的项目划分顺序逐项计算，通过工程项目与定额之间的对照，能清楚地反映出已算和未算项目，防止漏项，并有利于工程量的整理与报价，此法较适合于初学者。

2. 施工顺序法

这是根据工程项目的施工工艺特点，按其施工的先后顺序，同时考虑到计算的方便，由基层到面层或从下至上逐层计算。此法打破了定额分章的界限，计算工作流畅，但对使用者的专业技能要求较高。

3. 统筹原理计算法

这是通对预算定额的项目划分和工程量计算规则进行分析，找出各建筑、装饰分项项目之间的内在联系，运用统筹法原理，合理安排计算顺序，从而达到以点带面、简化计算、节省时间的目的。此法通过统筹安排，使各分项项目的计算结果互相关联，并将后面要重复使用的基数先计算出来，一次计算、多次应用。对无法用"线"、"面"基数计算的不规则而又较复杂的项目，应结合实际灵活利用分段、分层、加补、补减等方法进行计算。

实际工作中，往往综合应用上述三种方法。

在建筑分部，工程量计算参考顺序可排列为：门窗构件统计→混凝土及钢筋混凝土工程→砌筑工程→土石方工程→金属结构工程→构件运输及安装工程→屋面工程→防腐保温隔热工程。

在装饰分部，工程量计算参考顺序可排列为：门窗构件统计→楼地面工程→顶棚工程→墙柱面工程→油漆、涂料、裱糊工程→其他装饰工程。

4.1.3 列项与工程量计算的注意事项

1. 建筑工程计价项目完整性的判断

每个建筑工程计价的分项工程项目包含了完成这个工程的全部实物工程量。因此，首先应判断按施工图计算的分项工程量项目是否完整，即是否包括了实际应完成的工程量。另外，计算出分项工程量后，还应判断所套用的定额是否包含了施工中这个项目的全部消耗内容。如果这两个方面都没有问题，则单位工程预算的项目是完整的。

2. 计量单位一致

按施工图纸计算工程量时，各分项工程量的计量单位必须与预算定额中相应项目的计量单位一致，不能随意改变。例如，钢筋的工程量单位是 t，则计算出钢筋的长度以后，还要换算成 t。

3. 计算规则一致

在计算工程量时，必须严格执行本地区现行预算定额中所规定的工程量计算规则，在计算过程中，必须严格按照图纸所注尺寸进行计算，不得任意加大或缩小，任意增加或丢失，避免造成工程量计算中的误差，影响准确性。

4. 计算精确度一致

计算结果余数的取定直接影响工程造价的精度，在计算工程量时，计算式要明了，数据要清晰，计算的精确度一致。工程量的数据一般精确到小数点后两位，钢筋、木材、金属结构及使用的贵重材料的项目可精确到小数点后三位。

5. 计算要准确，要审核

由于工程量计算的工作量较大，为了保证不重算、漏算，计算时，应根据工程施工图纸，严格执行本地区现行预算定额中所规定的工程量计算规则，按一定顺序进行。所列项目与工程量计算的计算式要整齐明了，计算稿除编制者要经常查对外，有时还应提供给相关单位进行审核，计算稿中必须注明计算的构件名称、位置、编号等。在计算过程中，尽量做到结构按楼层计算，内装修按楼层分房间计算，外装修按施工层分立面计算，或按施工方案的要求分段计算，或按使用的材料不同分别进行计算。这样，不仅可以防止漏算，而且还可以方便工料分析，同时可为安排施工进度计划提供数据，养成良好的计算习惯。

4.2　工程量计算中常用的基数

运用统筹原理计算法计算工程量时,可以借助一些重复使用的数据来实现分项工程量的计算,从而减少工作量,提高效率。我们把计算分项工程量时重复使用的数据称为基数。

4.2.1　三线一面

分项工程量计算都离不开"线"与"面"。经总结,工程量计算基数主要有外墙中心线($L_{中}$)、内墙净长线($L_{内}$)、外墙外边线($L_{外}$)、底层建筑面积($S_{底}$),简称三线一面。

外墙外边线($L_{外}$)。是指外墙的外侧与外侧之间的距离。公式:

　　　　每段墙的外墙外边线=外墙定位轴线长+外墙定位轴线到外墙外侧的距离

外墙中心线($L_{中}$):是指外墙中线到中线之间的距离。公式:

　　　　每段墙的外墙中心线=外墙定位轴线长+外墙定位轴线到外墙中线的距离

内墙净长线($L_{内}$):是指内墙与外墙(内墙)交点之间的连线距离。公式:

　　　　每段墙的内墙净长线=墙定位轴线长−墙定位轴线至所在墙体内侧的距离

4.2.2　根据工程具体情况确定基数个数

假如建筑物的各层平面布置完全一样,墙厚只有一种,那么只确定外墙中心线($L_{中}$)、内墙净长线($L_{内}$)、外墙外边线($L_{外}$)、底层建筑面积($S_{底}$)四个数据就可以了;如果某一建筑物的各层平面布置不同,墙体厚度有两种以上,则要根据具体情况来确定该工程实际需要的基数个数。

4.2.3　基数统筹计算作用表(表4.1)

表4.1　　　　　　　　　　　　　　　基数计算作用表

基数名称	代号	可用以参考计算
外墙中心线	$L_{中}$	(1)外墙地槽长 (2)外墙基础垫层长 (3)外墙基础长 (4)外墙地圈梁、圈梁长 (5)外墙防潮层长 (6)外墙墙体长 (7)女儿墙压顶长
内墙净长线	$L_{内}$	(1)内墙地槽长($L_{内}$修正值) (2)内墙基础垫层长($L_{内}$修正值) (3)内墙基础长 (4)内墙地圈梁、圈梁长 (5)内墙防潮层长 (6)内墙墙体长

基数名称	代号	可用以参考计算
外墙外边线	$L_{外}$	(1)平整场地 (2)外墙装饰脚手架 (3)外墙抹灰、装饰 (4)挑檐长
底层建筑面积	$S_{底}$	(1)平整场地 (2)室内回填土 (3)室内地坪垫层、面层 (4)楼面垫层、面层 (5)天棚面层 (6)屋面找平层、防水层、面层等

【例4.1】　熟练掌握三线一面的计算，试计算图4.1相关基数。

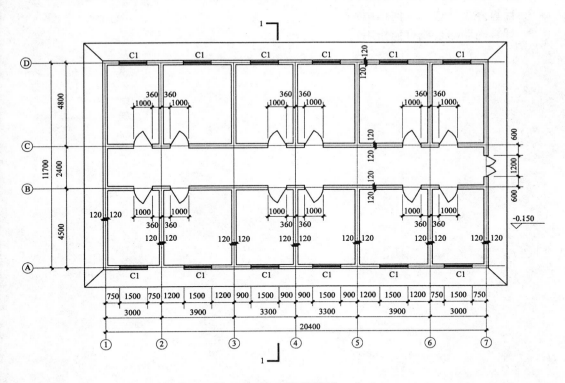

图4.1　某工程平面图(mm)

【解】$L_{外}=[(20.4+0.24)+(11.7+024)]×2=65.16(m)$

$L_{中}=(20.4+11.7)×2=64.20(m)$

$L_{内}=(20.4-0.24)×2+(4.5-0.24)×5+(4.8-0.24)×5=84.42(m)$

$S_{底}=(20.4+0.24)×(11.7+0.24)=246.44(m^2)$

本单元小结

工程量的计算与列项是密不可分的，我们计算的工程量是某分项项目的工程量，所以除了要熟悉工程量计算规则外，还要熟悉定额项目的划分，否则就容易漏项或重复计算。

工程量的计算并无固定的顺序与规定的格式，唯一的原则是方便、条理、明了。书中所提三种计算顺序是在此原则基础上的经验总结。统筹计算方法基本思路是：统筹安排计算顺序，充分利用关联项目的计算结果，以点带面，简化计算，节省时间。

对于凸出墙面的构件比较多的结构而言，三线一面基数的应用不宜生搬硬套。

习　题

1. 如何运用统筹原理计算工程量？有何意义？
2. 工程量计算与项目列项有何关系？项目列项对计量有影响吗？
3. 计算外墙外边线有何作用？
3. 计算内墙净长线有何作用？

学习单元 5 建筑面积计算

5.1 概述

建筑面积也称建筑展开面积，是指建筑物外墙勒脚以上的外围水平面积，是各层面积的总和，包括有效面积和结构面积。有效面积是指建筑物各层中净面积之和，如住宅建筑中的客厅、卧室、厨房等；结构面积是指建筑物各层平面中墙、柱等结构所占面积之和。

建筑面积是建筑工程量的主要指标、计算单方造价的依据，也是统计部门发布建筑面积的标准口径。

建筑面积的适用范围：新建、扩建、改建的工业与民用建筑，包括厂房、仓库、公共建筑、居住建筑、地铁车站等。

5.2 建筑面积计算规定

5.2.1 计算建筑面积的规定

（1）单层建筑物的建筑面积，应按其外墙勒脚以上结构外围水平面积计算（勒脚是墙根部很矮的一部分墙体加厚，不能代表整个外墙结构，因此要扣除勒脚墙体加厚的部分），并应符合下列规定：

①单层建筑物高度在 2.2m 及以上者应计算全面积；高度不足 2.2m 者应计算 1/2 面积。

单层建筑物的高度是指室内地面标高至屋面板板面结构标高之间的垂直距离。对于以屋面板找坡的平屋顶单层建筑物，其高度是指室内地面标高至屋面板最低处板面结构标高之间的垂直距离。

【例 5.1】 求图 5.1 的建筑面积。

【解】因单层建筑物高度超过 2.2m，所以 $S = 15 \times 5 = 75(m^2)$

②利用坡屋顶内空间时净高超过 2.1m 的部位应计算全面积；净高为 1.2 ~ 2.1m 的部位应计算 1/2 面积；净高不足 1.2m 的部位不应计算面积。

净高是指楼面或地面至上部楼板底面或吊顶底面之间的垂直距离。

【例 5.2】 根据图 5.2 计算该坡屋面的建筑面积。

【解】根据建筑面积计算规定，先计算净高 1.2m、2.1m 处与外墙外边线的距离。根据屋面的坡度（1:2），计算出建筑物的建筑面积。

净高为 1.2 ~ 2.1m 时：$S_1 = 2.7 \times (6.9 + 0.24) \times 2 \times 0.5 = 19.28(m^2)$

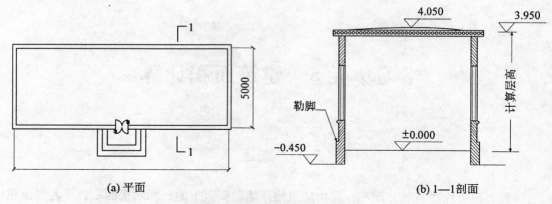

(a) 平面　　　　　　　　　　　　　　(b) 1—1 剖面

图 5.1　单层建筑物示意图（mm）

净高大于 2.1m 时：$S_2 = 5.4 \times (6.9 + 0.24) \times 2 = 38.57 (m^2)$

则该建筑物总建筑面积为：$S_1 + S_2 = 57.83 (m^2)$

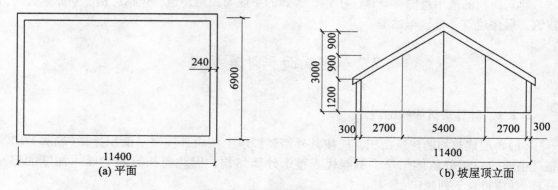

(a) 平面　　　　　　　　　　　　　　（b) 坡屋顶立面

图 5.2　某坡屋面示意图（mm）

③单层建筑物内设有局部楼层者，局部楼层的二层及以上楼层，有围护结构（围合建筑空间四周的墙体、门窗等）的，按其围护结构外围水平面积计算；无围护结构的，应按其结构底板水平面积计算。层高（上下两层楼面或楼面与地面之间的垂直距离）在 2.2m 及以上时应计算全面积，层高不足 2.2m 时应计算 1/2 面积。

【例 5.3】　求设有局部楼层的单层平屋顶建筑物的建筑面积（图 5.3），已知内外墙体厚度均为 240mm，图中 $L = 6600mm$，$B = 4800mm$，$a = 2200mm$，$b = 1900mm$，$h_1 = 3300mm$，$h_2 = 8600mm$。平面尺寸均标至墙外边线。

【解】一层建筑面积：$S_1 = 6.6 \times 4.8 = 31.68 (m^2)$

楼隔层部分建筑面积：$S_2 = (2.2 - 0.24) \times (1.9 - 0.24) = 3.25 (m^2)$

该建筑物全部建筑面积：$S = S_1 + S_2 = 31.68 + 3.25 = 34.93 (m^2)$

（2）多层建筑物首层应按外墙勒脚以上结构外围水平面积计算；二层及以上楼层应按其外墙结构外围水平面积计算；层高在 2.2m 及以上者应计算全面积；层高不足 2.2m 者

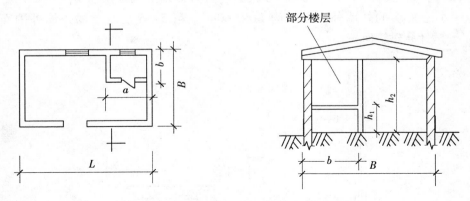

图 5.3　有局部楼层的单层平屋顶建筑物示意图

应计算 1/2 面积。

(3)多层建筑坡屋顶内和场馆看台下，当设计加以利用时，净高超过 2.1m 的部位应计算全面积，净高为 1.2~2.1m 的部位应计算 1/2 面积；当设计不利用或室内净高不足 1.2m 时，不计算面积。

多层建筑物的建筑面积应按不同的层高分别计算。"二层及以上楼层"是指有可能各层的平面布置不同，面积也不同，因此要分层计算。多层建筑坡屋顶内和场馆看台下的空间应视为坡屋顶内的空间。设计加以利用时，应按其净高确定其建筑面积的计算；设计不利用的空间时，不应计算建筑面积，其示意图如图 5.4 所示。

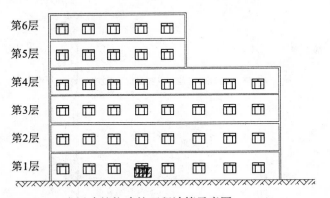

图 5.4　多层建筑物建筑面积计算示意图

层高是指上下两层楼面或楼面与地面之间的垂直距离。建筑物最底层的层高，有基础底板的，指基础底板上表面结构标高至上层楼面的结构标高之间的垂直距离；没有基础底板的，指地面标高至上层楼面结构标高之间的垂直距离。最上一层的层高是指楼面结构标高至屋面板板面结构标高之间的垂直距离，对于以屋面板找坡的屋面，层高指楼面结构标高至层面板最低处板面结构标高之间的垂直距离。

【例5.4】 如图5.5所示，设第1~5层的层高为3.9m，第6层的层高为2.1m，经计算，第1~4层每层的外墙外围面积为1166.60m²，第5、6层每层的外墙外围面积为475.90m²。试计算建筑面积。

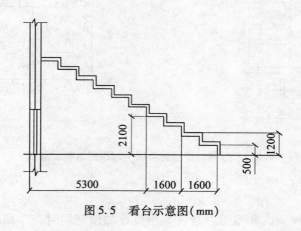

图5.5 看台示意图(mm)

【解】S =(第1~4层)1166.60×4+(第5层)475.90+(第6层)475.90×0.5
　　　=5380.25(m²)

(4)地下室、半地下室(车间、商店、车站、车库、仓库等)，包括相应的有永久性顶盖的出入口，应按其外墙上口(不包括采光井、外墙防潮层及保护墙)外边线所围水平面积计算。层高在2.2m及以上者应计算全面积；层高不足2.2m者应计算1/2面积。地下室示意图如图5.6所示。

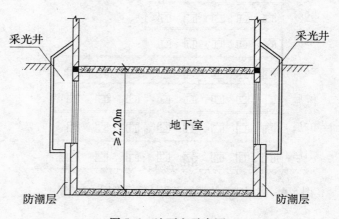

图5.6 地下室示意图

地下室是指房间地平面低于室外地平面的高度超过该房间净高的1/2者；半地下室是指房间地平面低于室外地平面的高度超过该房间净高的1/3且不超过1/2者。

(5)坡地的建筑物吊脚架空层(如图5.7所示)、深基础架空层(架空部位不回填土石方形成的建筑空间)，设计加以利用并有围护结构的层高2.2m及以上者应计算全面积；层高不足2.2m者应计算1/2面积。设计加以利用、无围护结构的建筑吊脚架空层，应按其利用部位水平面积的 1/2 计算;设计不利用的深基础架空层、坡地吊脚架空层、多层建筑坡屋顶内、场馆看台下的空间不应计算面积。

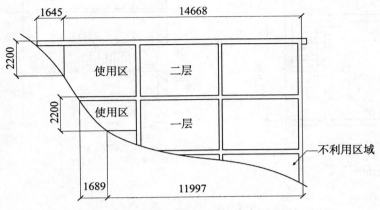

图 5.7　坡地建筑吊脚架空层示意图(mm)

【例 5.5】　计算利用的深基础架空层的建筑面积(图 5.8)。

【解】$S = (4.2+0.24) \times (6+0.24) = 27.71 (\text{m}^2)$

(6)建筑物的门厅、大厅按一层计算建筑面积。门厅、大厅内设有回廊(设置在二层或二层以上的回形走廊)时,按其结构底板水平面积计算,层高 2.2m 及以上者计算全面积,层高不足 2.2m 者计算 1/2 面积。

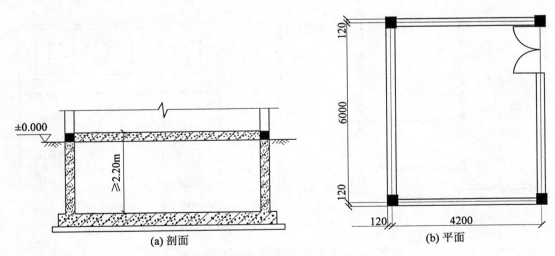

(a) 剖面　　　　　　　　　(b) 平面

图 5.8　深层基础架空层建筑示意图(mm)

【例 5.6】　计算如图 5.9 所示回廊的建筑面积。设回廊的水平投影宽度为 2.0m。

【解】回廊层高 3.9m>2.2m,则回廊面积为

$S = 12.30 \times 12.60 - (12.30-2.0 \times 2) \times (12.60-2.0 \times 2) = 83.60 (\text{m}^2)$

(7)建筑物间有围护结构的架空走廊(建筑物的水平交通空间),应按其围护结构外围

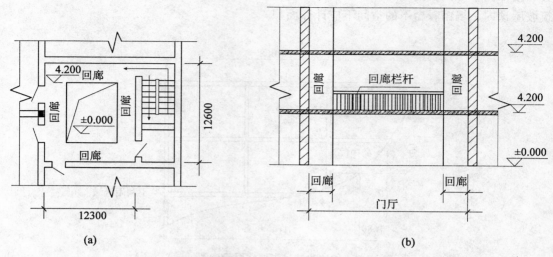

图 5.9　带回廊的二层平面示意图(mm)

水平面积计算。层高 2.2m 及以上者计算全面积, 层高不足 2.2m 者计算 1/2 面积。有永久性顶盖无围护结构的, 应按其结构底板水平面积的 1/2 计算。

【例 5.7】　已知架空走廊的层高为 3m, 求架空走廊的建筑面积(图 5.10)。

【解】架空走廊有永久性顶盖无围护结构。

$$S=(6-0.24)\times(3+0.24)\times0.5=9.33(\text{m}^2)$$

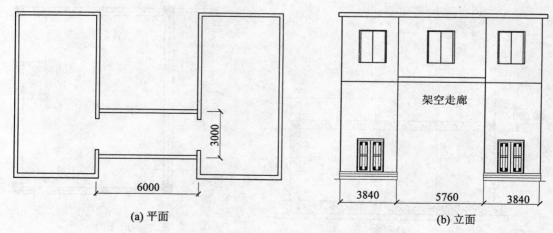

图 5.10　有架空走廊建筑的示意图(mm)

(8)立体书库、立体仓库、立体车库, 无结构层的应按一层计算, 有结构层的应按其结构层面积分别计算。层高 2.2m 及以上计算全面积, 层高不足 2.2m 者计算 1/2 面积。

【例 5.8】　求货台的建筑面积(图 5.11)。

【解】$4.5\times1\times5\times0.5\times5=56.25(\text{m}^2)$

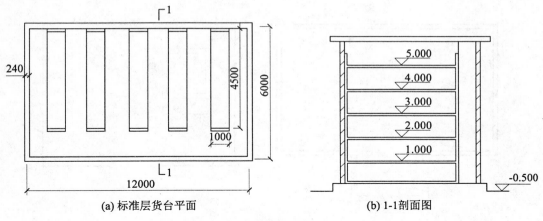

(a) 标准层货台平面   (b) 1-1剖面图

图 5.11 货台建筑示意图(mm)

(9)有围护结构的舞台灯光控制室,应按其围护结构外围水平面积计算。层高 2.2m 及以上计算全面积,层高不足 2.2m 者计算 1/2 面积。

如果舞台灯光控制室有围护结构且只有一层,那么就不能另外计算面积,因为整个舞台的面积计算已包含了该灯光控制室的面积。

(10)建筑物外有围护结构的落地橱窗、门斗。挑廊(挑出建筑物外墙的水平交通空间)、走廊、檐廊(设置在建筑物底层出檐下的水平交通空间),应按其围护结构外围水平面积计算。层高 2.2m 及以上计算全面积,层高不足 2.2m 者计算 1/2 面积。有永久性顶盖无围护结构的应按其结构底板水平面积的 1/2 计算。

落地橱窗是指凸出外墙面根基落地的橱窗;门斗是指在建筑物出入口设置的起分隔、挡风、御寒等作用的建筑过渡空间。保温门斗一般有围护结构。

【例5.9】 求门斗和水箱间的建筑面积(图5.12)。

【解】门斗面积:$S = 3.5 \times 2.5 = 8.75(\text{m}^2)$

水箱间面积:$S = 2.5 \times 2.5 \times 0.5 = 3.13(\text{m}^2)$

(11)有永久性顶盖无围护结构的场馆看台应按其顶盖水平投影面积的 1/2 计算。这里所称"场",是指看台上有永久性顶盖部分,如足球场、网球场;"馆",是指有永久性顶盖和围护结构,如篮球馆、展览馆。应按单层或多层建筑相关规定计算面积。

(12)建筑物顶部有围护结构的楼梯间、水箱间、电梯机房等,层高 2.2m 及以上者计算全面积,层高不足 2.2m 者计算 1/2 面积。

如遇建筑物屋顶的楼梯间是坡屋顶,则应按坡屋顶的相关规定计算面积;单独放在建筑物屋顶上的混凝土水箱或钢板水箱,不计算面积。

(13)设有围护结构不垂直于水平面而超出底板外沿的建筑物(指向建筑物外倾斜的墙体),应按其底板面的外围水平面积计算。层高 2.2m 及以上者计算全面积,层高不足 2.2m 者计算 1/2 面积。

设有围护结构不垂直于水平面而超出底板外沿的建筑物,是指向建筑物外倾斜的墙体(图5.13),若遇有向建筑物内倾斜的墙体,则应视为坡屋顶,按坡屋面有关条文计算面积。

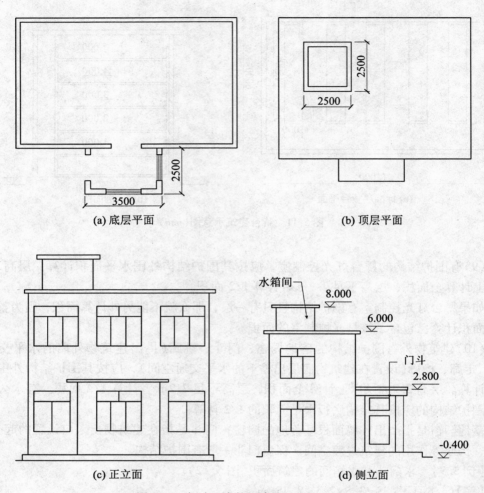

(a) 底层平面   (b) 顶层平面

(c) 正立面   (d) 侧立面

图 5.12　门斗、水箱间建筑示意图(mm)

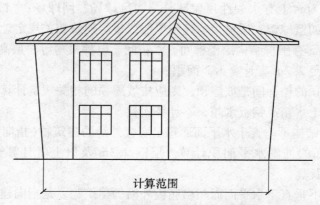

图 5.13　外墙外倾斜建筑物立面示意图

(14)建筑物内的室内楼梯间、电梯井、观光电梯井、提物井、管道井、通风排气竖井、垃圾道、附墙烟囱应按建筑物的自然层(按楼板、地板结构分层的楼层)计算。

若遇跃层建筑,则其共用的室内楼梯应按自然层计算面积;上下两错层户室共用的室内楼梯,应选上一层的自然层计算面积。如图 5.14 所示。

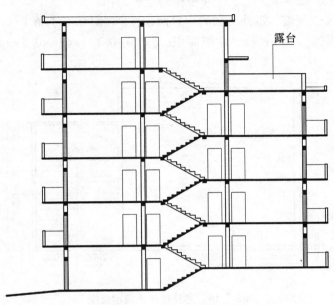

图 5.14　户室错层剖面示意图

(15)雨篷结构的外边线至外墙结构外边线的宽度超过 2.1m 者,应按雨篷结构板的水平投影面积的 1/2 计算(不区分有柱雨篷和无柱雨篷)。雨篷结构的外边线至外墙结构外边线的宽度小于或等于 2.1m 者,不计算建筑面积。

【例 5.10】　求雨篷的建筑面积(图 5.15)。

【解】$S = 2.5 \times 1.5 \times 0.5 = 1.88 (\text{m}^2)$

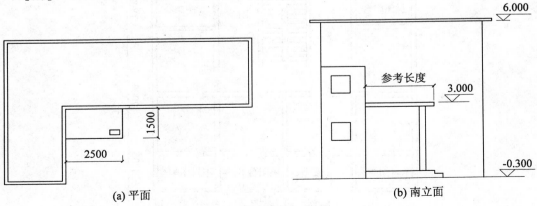

(a) 平面　　　　　　　　(b) 南立面

图 5.15　雨篷建筑示意图

（16）有永久性顶盖的室外楼梯，应按建筑物自然层的水平投影面积的 1/2 计算。

室外楼梯若最上层楼梯无永久性顶盖，或顶盖是不能完全遮盖楼梯的雨篷，则上层楼梯不计算面积，上层楼梯可视为下层楼梯的永久性顶盖，下层楼梯可计算面积。

【例 5.11】 如图 5.16 所示某三层建筑物，室外楼梯：①有永久性顶盖，求室外楼梯的建筑面积；②无永久性顶盖，求室外楼梯的建筑面积。

【解】①有永久性顶盖，室外楼梯的建筑面积：$S=(4-0.12)\times 6.8\times 0.5\times 3=39.57(\text{m}^2)$

②无永久性顶盖，室外楼梯的建筑面积：$S=(4-0.12)\times 6.8\times 0.5\times 2=26.38(\text{m}^2)$

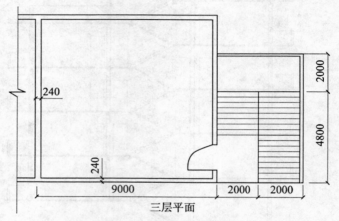

图 5.16 室外楼梯建筑示意图

（17）建筑物的阳台均应按其水平投影面积的 1/2 计算（不论封闭与否）。

【例 5.12】 某住宅楼平面图如图 5.17 所示。已知内外墙后均为 240mm，设有封闭阳台。试计算图中阳台的建筑面积。

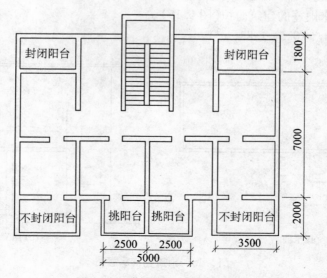

图 5.17 建筑物阳台平面示意图

【解】$S=(3.5+0.24)\times(2-0.12)\times0.5\times2+3.5\times(1.8-0.12)\times0.5\times2+(5+0.24)$
$\times(2-0.12)\times0.5=17.84(\mathrm{m}^2)$

即该建筑物中阳台的建筑面积为 17.84m²。

(18)有永久性顶盖无围护结构的车棚、货棚、站台、加油站、收费站等，应按其顶盖水平投影面积的 1/2 计算（不考虑有没有柱）。

【例 5.13】　求站台的建筑面积（图 5.18）。

【解】$S=6.5\times2.5\times0.5=8.125(\mathrm{m}^2)$

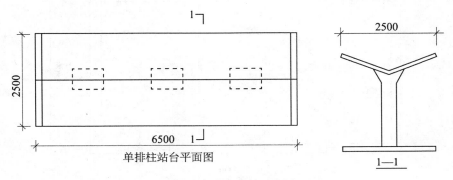

图 5.18　站台建筑示意图

(19)高低联跨的建筑物，应以高跨结构外边线为界分别计算建筑面积；其高低跨内部连通时，其变形缝应计算在低跨面积内。

如图 5.19 所示，若建筑物长为 L，则建筑面积 $S=S_{高}+S_{低}=b_1\times L+(b_2+b_3)\times L$。

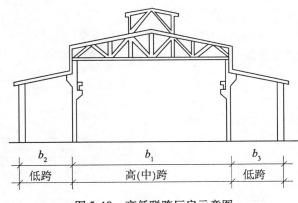

图 5.19　高低联跨厂房示意图

(20)以幕墙作为围护结构的建筑物，应按幕墙外边线计算建筑面积。装饰性幕墙不应计算建筑面积。

(21)建筑物外墙外侧有保温隔热层的，应按保温隔热层外边线计算建筑面积。

【例 5.14】　某砖混结构工程施工图如图 5.20 所示，层高大于 2.2m，外墙外保温 50mm 厚 XPS 保温板。试计算其建筑面积。

【解】 建筑物外墙外侧有保温隔热层的，应按保温隔热层外边线计算建筑面积。

$S = (3.6\times3+0.185\times2+0.05\times2)\times(5.85+0.185\times2+0.05\times2) = 71.23(\text{m}^2)$

即该建筑物的建筑面积为 71.23m^2。

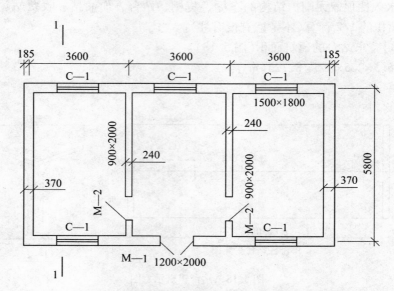

图 5.20　某砖混结构施工标准层平面图(mm)

(22)建筑物内的变形缝，应按其自然层合并在建筑物面积内计算。

5.2.2　不计算建筑面积的范围

(1)建筑物通道(骑楼、过街楼的底层)。

骑楼：楼层部分跨在人行道上的临街楼房，如图 5.21 所示；

过街楼：有道路穿过建筑空间的楼房，如图 5.22 所示。

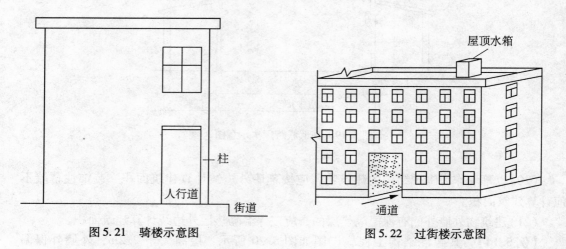

图 5.21　骑楼示意图　　　　图 5.22　过街楼示意图

（2）建筑物内的设备管道夹层，如图5.23所示，如高层建筑的宾馆、写字楼等，通常在建筑物高度的中间部分设置管道及设备层，主要用于集中放置水、暖、电、通风管道及设备，这一设备管道层不计算建筑面积。

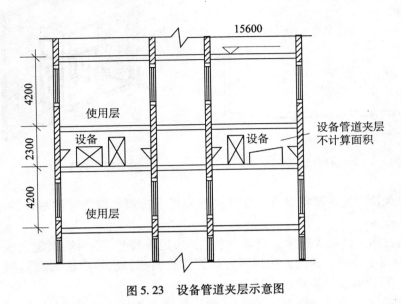

图5.23　设备管道夹层示意图

（3）建筑物内分隔的单层房间，如舞台及后台悬挂幕布、布景的天桥、挑台等，如图5.24所示。

（4）屋顶水箱、花架、凉棚、露天游泳池。

（5）建筑物内的操作平台、上料平台、安装箱和罐体的平台，如图5.25所示。

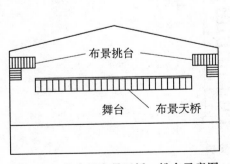

图5.24　舞台及布景天桥、挑台示意图

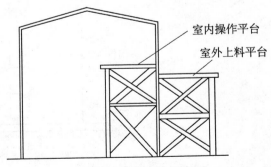

图5.25　操作平台示意图

（6）勒脚、附墙柱、垛（图5.26）、台阶、墙面抹灰、装饰面、镶贴块料面层、装饰性幕墙、空调室外搁板（箱）、飘窗（图5.27）、构件、配件，宽度在2.1m及以内的雨篷以及与建筑内不相连通的装饰性阳台、挑廊。这些构件均不属于建筑结构，不应计算建筑面积。

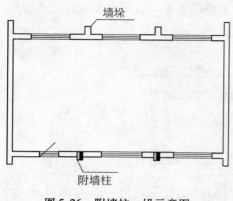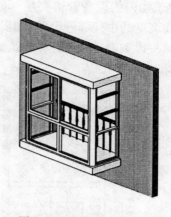

图 5.26　附墙柱、垛示意图　　　　　图 5.27　飘窗示意图

(7)无永久性顶盖的架空走廊、室外楼梯和用于检修、消防等的室外钢楼梯、爬梯，如图 5.28 所示。

(8)自动扶梯、自动人行道。自动扶梯(斜步道滚梯)，除两端固定在楼层板或梁之外，扶梯本身属于设备，为此，扶梯不宜计算建筑面积。水平步道(滚梯)属于安装在楼板上的设备，不应单独计算建筑面积。

(9)独立烟囱、烟道、地沟、油(水)罐、气柜、水塔、储油(水)池、储仓、栈桥、地下人防通道、地下隧道。

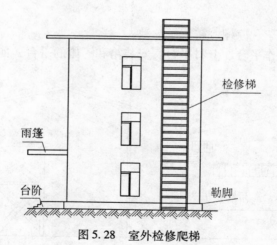

图 5.28　室外检修爬梯

本单元小结

有维护结构、有永久楼盖房间(含地下室、设计利用的吊脚架空层和深基础架空层、落地橱柜、门斗、挑廊、走廊、檐廊、架空走廊)，层高≥2.20m 时建筑面积全算，层高小于 2.20m 时建筑面积算一半。

建筑物的门厅、大厅按一层计算建筑面积。

坡屋顶内和场馆看台下设计利用空间，净高超过 2.10m 的部位应计算全面积；净高为 1.20～2.10m 的部位应计算 1/2 面积。

阳台以及只有永久顶盖的落地橱柜、门斗、挑廊、走廊、檐廊、架空走廊等，均按底板水平面积一半计算建筑面积。

只有永久顶盖的车棚、货棚、站台、加油站、收费站、场馆看台等，应按其顶盖水平投影面积的 1/2 计算。

建筑物内的室内楼梯间、电梯井、观光电梯井、提物井、管道井、通风排水竖井、垃圾道、附墙烟囱、建筑内的变形缝等包含在建筑面积（外墙外边线）之内，不用再单独考虑。

不计算建筑面积的范围是突出墙外的构件、平台、构筑物、无永久性顶盖的架空走廊、室外楼梯、用于检修或消防的室外钢楼梯（爬梯）、宽度在 2.1m 及以内的雨篷、与建筑物内不相连通的装饰性阳台挑廊、设计不利用的坡顶和看台下。

习　　题

1. 结合当地实际，思考入户花园、屋顶空中花园是如何计算建筑面积的。
2. 封闭与不封闭阳台如何计算建筑面积？顶层阳台无顶盖时，是否计算建筑面积？
3. 附墙柱是否计算建筑面积？飘窗、空调板是否计算建筑面积？
4. 计算图 5.29 所示项目的建筑面积。

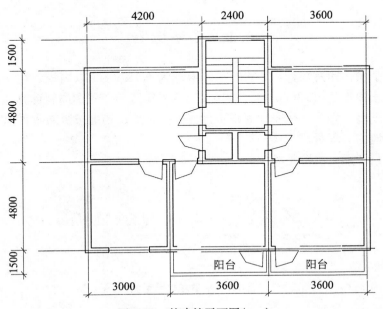

图 5.29　某建筑平面图（mm）

学习单元6   土石方工程

土石方工程主要包括平整场地，挖沟槽、基坑，挖土石方，回填土等内容。

土石方工程量计算一般规则：土方体积均以挖掘前的天然密实体积为准计算。如遇有必须以天然密实体积折算时，可参考表6.1所列数值换算。石方工程量按图示尺寸加允许超挖量，以立方米计算。

表6.1   土方体积折算

虚方体积	天然密实度体积	夯实后体积	松填体积
1.00	0.77	0.67	0.83
1.30	1.00	0.87	1.08
1.50	1.15	1.00	1.25
1.20	0.92	0.80	1.00

挖土一律以设计室外地坪标高为准计算。

6.1   平整场地

平整场地是指在建筑场地（以设计室外地坪为准）±30cm以内挖、填土方及找平（图6.1）。挖、填土厚度超过±30cm时，按场地土方平衡竖向布置图另行计算。

围墙、挡土墙、窨井、化粪池等都不计算平整场地；场地按竖向布置挖填土方时，不再计算平整场地的工程量。

打桩工程只计算一次平整场地。

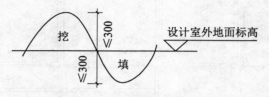

图6.1   平整场地示意图

平整场地工作内容包括就地挖、填、找平，以及场内杂草、树根等的清理，不发生土方的装运。

平整场地工程量按建筑物或构筑物底面积的外边线每边各增加2m，以平方米计算。计算公式推导如图6.2所示。公式为

$$S = S_{底} + 2 \times L_{外} + 16$$

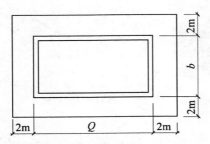

图6.2 平整场地工程量计算示意图

上式适用范围如下：

（1）对矩形和转角处均为90°的凹凸形建筑平面，除了凹入宽度小于4m的凹形平面外，用上式计算平整场地是准确无误的。

（2）对于转角处均为90°的回形建筑平面和凹入宽度小于4m的转角处为90°的凹形平面，上式不适用。

（3）对于有不等于90°转角的建筑平面，用上式计算平整场地是不精确的。

（4）对于带弧形的建筑平面，用上式计算平整场地是不准确的。

原土碾压按图示碾压面积以平方米计算，填土碾压按图示填土体积以立方米计算。

6.2 沟槽、基坑土方

6.2.1 沟槽、基坑、挖土方划分（表6.2）

表6.2 建筑、安装、园林（市政）工程特征区分表

项 目 名 称	底 宽	底长：底宽	底面积（长×宽）
人工挖沟槽	≤3m(7m)	>3	
人工挖基坑		≤3	≤20m²(150m²)
人工挖土方（一）	>3m		
人工挖土方（二）			>20m²
人工挖土方（三）	平整场地挖土方厚度在30cm以外		

注：以上挖土深度均大于0.3m，括号内数字为市政工程。

建筑、安装、园林工程凡图示沟槽底宽在3m以内，且沟槽长大于沟槽宽3倍以上的，为沟槽（图6.3）。

 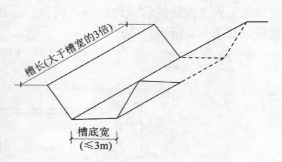

图 6.3 基(沟)槽开挖

凡图示基坑底面积在 20m² 以内,且坑底的长与宽之比小于或等于 3 的,为基坑(图 6.4)。

 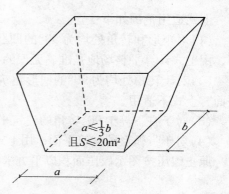

图 6.4 基坑开挖

凡图示沟槽底宽 3m 以外,坑底面积 20m² 以外,平整场地挖土方厚度在 30cm 以外的,按挖土方计算(图 6.5)。

图 6.5 挖土方

市政工程底宽 7m 以内，底长大于底宽 3 倍以上的，按沟槽计算。

底长小于底宽 3 倍以内，按基坑计算，基坑底面积在 150m² 以内，执行基坑定额。

6.2.2　放坡、挡土板、工作面

在场地比较开阔的情况下开挖土方时，可以优先采用放坡的方式保持边坡的稳定。放坡的坡度以挖土深度 H 与放坡宽度 B 之比表示，即 $H:B$。为便于土方计算，如图 6.6 所示，坡度通常用 $1:K$ 表示，K 为放坡系数，$K=B/H$，显然，$1:K=H:B$。放坡系数按设计图示尺寸计算，无明确规定时，按表 6.3 规定计算。如在同一断面内遇有数类土壤，其放坡系数可按各类土占全部深度的百分比加权计算。

$$综合放坡系数 \ K = \frac{k_1 h_1 + k_2 h_2 + \cdots + k_n h_n}{h_1 + h_2 + \cdots + h_n}$$

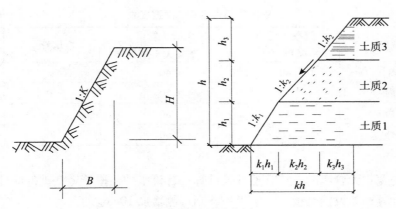

图 6.6　放坡示意图

表 6.3　　　　　　　　　　　　　　　放坡系数及起点深度表

土 壤 分 类	放坡起点深度（m）	人工挖土	机械挖土	
			在槽、坑和沟底作业	在槽、坑和沟边上作业
一、二类土	1.20	1:0.5	1:0.33	1:0.75
三类土	1.50	1:0.33	1:0.25	1:0.67
四类土	2.00	1:0.25	1:0.10	1:0.33

挖沟槽、基坑需支挡土板时，其宽度按图示沟槽、基坑底宽，单面加 10cm，双面加 20cm 计算。支挡土板后，不得再计算放坡工程量。

工作面是指工人施工操作或支模板所需要增加的开挖断面宽度，与基础材料和施工工序有关。

基础施工需增加的工作面，按施工组织设计规定计算；如无规定，可按表 6.4 与表 6.5 规定计算。

表 6.4 基础施工所需工作面宽度

基础类别	每边各增加工作面宽度(mm)
砖基础	200
浆砌毛石，条石基础	150
混凝土基础垫层支模板	300
混凝土基础支模板	300
基础垂直面做防水层	800(防水面层)

建筑物沟槽、基坑工作面放坡自垫层上表面开始计算。此处主要是考虑到一般情况下垫层是直接在槽(坑)内浇灌砼，不支模板。

表 6.5 管沟底部每侧工作面宽度表 (单位：cm)

管道结构宽(cm)	混凝土管道基础90°	混凝土管道基础大于90°	金属管道	塑料管道
50 以内	40	40	30	30
100 以内	50	50	40	40
250 以内	60	50	40	40
250 以外	60	50	40	40

管道结构宽：无管座的，按管道外径计算；有管座的，按管道基础外缘计算；构筑物按基础外缘计算；如设挡土板、打钢板桩，则每侧增加 10cm。

管道沟槽、给排水构筑物沟槽基坑工作面及放坡自垫层下表面开始计算。

6.2.3 挖基槽

1. 工程量计算方法

挖基槽工程量按地槽的横截面面积×槽长，以立方米计算，地槽中内外凸出部分(垛、附墙烟囱)体积并入地槽工程量内计算。挖土交接处产生的重复工程量不扣除，如图 6.7 所示。内外突出部分(垛、附墙烟囱等)体积并入沟槽土方工程量内计算。公式为

$$V_{槽} = S_{断} \times L$$

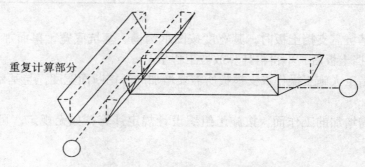

重复计算部分

图 6.7 挖土交接处产生的重叠示意图

管道接口作业坑和沿线各种井室所需增加开挖的土方工程量：排水管道按 2.5%，排水箱涵不增加，给水管道按 1.5%。

2. 挖基槽槽长 L

外墙按图示中心线长度计算，内墙按图示基础底面之间净长度计算，如图 6.8 所示。挖管道沟槽槽长按管道中心线长度计算。

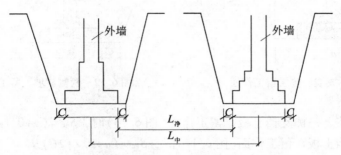

图 6.8　内墙按图示基础底面之间净长度示意图

3. 地槽的横截面面积 $S_{断}$

(1) 工作面及放坡自垫层上表面开始 (图 6.9) 时，$S_{断} = a_1 H_1 + (a_2 + 2C + KH_2) H_2$。

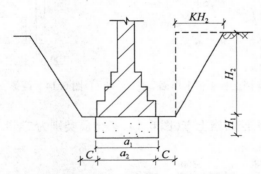

图 6.9　垫层上表面放坡地槽示意图

(2) 垫层上表面留工作面不放坡 (图 6.10) 时，$S_{断} = a_1 H_1 + (a_2 + 2C) H_2$。

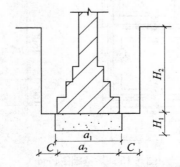

图 6.10　垫层上表面有工作面不放坡地槽示意图

（3）垫层留工作面不放坡（图 6.11）时，$S_{断} = (a+2C)H$。

（4）垫层留工作面两侧放坡（图 6.12）时，$S_{断} = (a+2C+KH)H$。

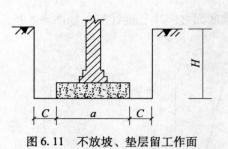

图 6.11　不放坡、垫层留工作面

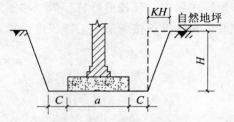

图 6.12　两侧放坡、留工作面

（5）一侧放坡、一侧支挡土板、留工作面（图 6.13）时，$S_{断} = (a+0.1+2C+KH/2)H$。

（6）两侧支挡土板、留工作面（图 6.14）时，$S_{断} = (a+0.2+2C)H$。

上述公式中：C 为工作面宽度（m），K 为放坡系数。

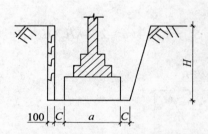

图 6.13　一侧放坡、一侧支挡土板、留工作面

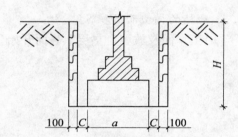

图 6.14　两侧支挡土板、留工作面

【例 6.1】　计算人工挖沟槽土方（图 6.15）。土质类别为二类，垫层 C10 砼。

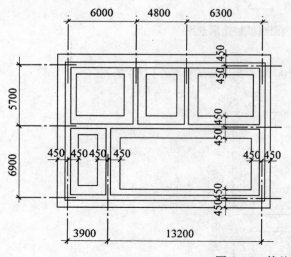

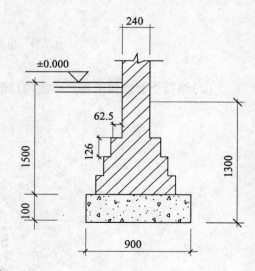

图 6.15　某基础图（mm）

【解】分析：①开挖深度 $H=1.3-0.1=1.2(\text{m})$，达到一、二类土放坡起点深度；

②一、二类土放坡系数 $K=0.5$；

③垫层宽 0.9m 原槽浇灌；

④砖基础宽 $=0.24+0.0625\times6=0.615(\text{m})$，工作面 $C=0.2\text{m}$。

沟槽长度计算：

①外墙中心线长 $=(3.9+13.2+6.9+5.7)\times2=59.40(\text{m})$；

②内墙基础垫层净长 $=(6.9-0.9)+(5.7-0.9)\times2+(3.9+13.2-0.9)=31.8(\text{m})$

合计沟槽长度 $L=59.4+31.8=91.2(\text{m})$

挖垫层土方量 $=0.9\times0.1\times91.2=8.21(\text{m}^3)$

$$\begin{aligned}
\text{挖砖基础土方量} &=(b+2c+KH)\times H\times L \\
&=(0.615+2\times0.2+0.5\times1.2)\times1.2\times91.2 \\
&=176.75(\text{m}^3)
\end{aligned}$$

合计挖沟槽工程量 $=8.21+176.75=184.96(\text{m}^3)$

6.2.4　挖基坑

(1)不放坡、不支挡土板、不留工作面时：

长方体：设独立基础底面尺寸为 $a\times b$，至设计室外标高深度为 H，不放坡、不留工作面时基坑为一长方体形状，则

$$V=abH$$

圆形基坑：设独立基础底面直径为 D，至设计室外标高深度为 H，则

$$V=\pi D^2H/4 \quad \text{或} \quad V=\pi R^2H$$

(2)不放坡、不支挡土板、留工作面时：

矩形或方型基坑：$V=H(a+2C)(b+2C)$

圆形基坑、桩孔：$V=\pi(D+2C)^2H/4 \quad$ 或 $\quad V=\pi(R+C)^2H$

(3)四面放坡、留工作面时：

任意平面形状基坑：$V=\dfrac{1}{3}H(S_{上}+\sqrt{S_{上}\,S_{下}}+S_{下})$

矩形或方型基坑（图 6.16）：$V=H(a+2C+KH)(b+2C+KH)+\dfrac{K^2H^3}{3}$

圆形基坑、桩孔（图 6.17）：$V=\dfrac{\pi H(r^2+R^2+rR)}{3}$

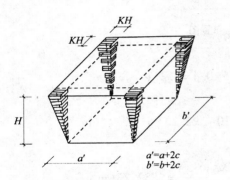

图 6.16　方形放坡地坑

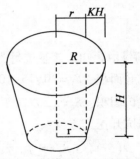

图 6.17　圆形放坡地坑

（4）不放坡、带挡土板、留工作面时：

矩形或方型基坑：$V=H(a+2C+0.2)(b+2C+0.2)$

圆形基坑、桩孔：$V=\pi(R+C+0.1)^2H$

上述式中：a 为基础垫层底宽度（m），b 为基础垫层底长度（m），C 为工作面宽度（m），H 为挖土深度（m），K 为放坡系数；r 为坑底半径（m），R 为坑口半径（m），$R=r+KH$，D 为圆形基坑底直径（m）；$S_上$ 为基坑上底面积（m^2），$S_下$ 为基坑下底面积（m^2）。

【例6.2】 某工程人工挖一基坑，混凝土基础长为1.50m，宽为1.20m，支模板浇灌，深度为2.20m，土质类别为三类。试计算人工挖基坑工程量。

【解】 根据定额计算规则，已知放坡系数 $K=0.33$，工作面每边宽300mm。工程量计算如下：

$V=(1.50+0.30\times2+0.33\times2.20)\times(1.20+0.30\times2+0.33\times2.20)\times2.20$
$+1/3\times0.332\times2.203=2.826\times2.526\times2.20+0.3865=16.09(m^3)$

6.2.5 大开挖土方

基础土方大开挖计算方法同基坑。

场地竖向挖土方计算方法一般可采用网格法、横断面法。

修建机械上下坡的便道土方量并入土方工程量内。机械上、下行驶坡道土方，按施工组织设计计算；无施工组织设计时，可按挖方总量的3%计算，合并在土方工程量内。

机械挖土方工程量按施工组织设计分别计算机械和人工挖土工程量。无施工组织设计时，可按机械挖土方90%，人工挖土方10%计算（人工挖土部分按相应定额项目人工乘系数2.0）。

【例6.3】 某大基坑底平面尺寸如图6.18所示，坑深5.5m，四边均按1：0.4的坡度放坡。求基坑开挖的土方量。

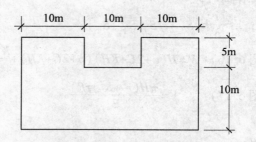

图6.18 基坑底面布置图

【解】 由题知，该基坑每侧边坡放坡宽度为5.5×0.4=2.2（m）。

坑底面积：$S_1=30\times15-10\times5=400(m^2)$

坑口面积：$S_2=(30+2\times2.2)\times(15+2\times2.2)-(10-2\times2.2)\times5=639.4(m^2)$

基坑开挖土方量：

$$V=\frac{H(S_1+\sqrt{S_1S_2}+S_2)}{3}=\frac{5.5(400+\sqrt{400\times639.4}+639.4)}{3}=2832.73(m^3)$$

6.3 回填土

6.3.1 回填土

回填土是指建筑基础、垫层以及地下室等设计室外地坪以下需埋置的隐蔽工程完成后，在 5m 以内的就地取土回填的施工过程，如图 6.19 ~ 图 6.21 所示。区分夯填、松填按图示回填体积并按下列规定，以立方米计算：

(1)沟槽、基坑回填土，以挖方体积减去设计室外地坪以下埋设物(包括：垫层、基础、管道等)体积计算。

(2)管道沟槽回填，以挖方体积减去管径所占体积计算。管径为 200mm 以下时，不扣除管道所占体积；管径超过 200mm 以上时，扣除管道所占体积计算。

(3)室内回填土，按墙之间的面积乘以回填土厚度计算。

场地回填土 V=挖土方−地下基础及垫层体积

基础回填土 V=基础挖方量−室外设计地面以下埋设物体积

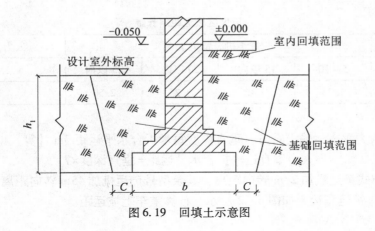

图 6.19 回填土示意图

图 6.20 基础回填实物图

图 6.21 室内回填实物图

房心回填土 V = 主墙间净面积×回填厚度

　　　　　　= (底层建筑面积−墙所占面积)×回填土厚度

　　　　　　= $(S - L_{中} × 外墙厚度 - L_{内} × 内墙厚度) × 回填土厚度$

式中，回填厚度=室内外高差−地面垫层面层之厚度；主墙是指结构厚度在120mm以上的各类墙体。

6.3.2 余土或取土

1. 余土外运体积

　　　　余土外运体积=挖土总体积−回填土总体积(或按施工组织设计计算)

式中，计算结果为正值时为余土外运体积，负值时为取土体积。

2. 土石方运距

土石方运距应以挖土重心至填土重心或弃土重心最近距离计算，挖土重心、填土重心、弃土重心按施工组织设计确定。如遇下列情况，则应增加运距：

(1)人力及人力车运土石方上坡坡度在15%以上，推土机推土、推石碴，铲运机铲运土重车上坡时，如果坡度大于5%，其运距按坡度区段斜长乘以表6.6所列系数计算。

表6.6 　　　　　　　　　　　　　坡度区段运距斜长数

项目	推土机、铲运机				人力及人力车
坡度(%)	5~10	15以内	20以内	25以内	15以上
系 数	1.75	2.0	2.25	2.50	5

(2)采用人力垂直运输土石方，垂直深度每米折合水平运距7m计算，即

　　　　　　人力垂直运输折合水平运距=垂直深度×7

(3)3m³拖式铲运机加27m转向距离，其余型号铲运机加45m转向距离。

【例6.4】 铲运车运土如图6.22所示，计算重车上坡运距。

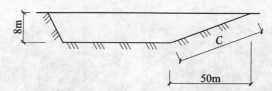

图6.22 某铲运车运土上坡示意图

【解】 坡度系数 $K = 8 × 50 = 16\%$，$C = \sqrt{8^2 + 50^2} = 50.6$。

上坡运距：$C × 2.25 = 50.6 × 2.25 = 114(m)$

【例6.5】 某建筑物基础平面及剖面如图6.23所示，已知设计室外地坪以下砖基础体积量为15.85m³，砼垫层体积为2.86m³，室内地面厚度180mm，工作面 $C = 300mm$，土质为二类。要求挖出的土堆于现场，回填后余下土外运。试对土石方工程相关项目进行列项，并计算各分项工程量。

【解】本工程完成的与土石方工程相关的施工内容有：平整场地、挖土、原土夯实、回填土、运土。从图6.23中可看出，挖土的槽底宽为0.8+2×0.3=1.4m<3m，槽长大于3倍槽宽，故挖土应执行挖地槽项目，由此，原土打夯项目不再单独列项。本分部工程应列的土石方工程定额项目为：平整场地、挖地槽、基础回填土、房心回填土、运土。

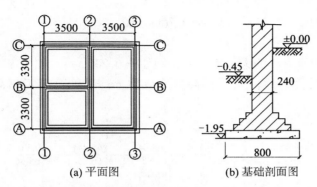

图6.23　某建筑物基础平面及剖面图(mm)

(1)基数计算：

$L_外 = (3.5×2+0.24+3.3×2+0.24)×2 = 28.16(m)$

$L_中 = (3.5×2+3.3×2)×2 = 27.2(m)$

$L_内 = (3.5-0.24+3.3×2-0.24)×2 = 9.62(m)$

$S_1 = (3.5×2+0.24)×(3.3×2+0.24) = 49.52(m^2)$

(2)平整场地：

$S = S_1+2×L_外+16 = 49.52+2×28.16+16 = 121.84(m^2)$

(3)挖地槽：

挖槽深度 $H = 1.95-0.45 = 1.5 > 1.4(m)$，故需放坡开挖，放坡系数 $K = 0.35$，由垫层下表面放坡，则：

外墙挖槽工程量为

$V_1 = L_中(a+2C+KH)H = 27.2×(0.8+2×0.3+0.35×1.5)×1.5 = 78.54(m^3)$

内墙挖槽工程量为

$V_2 = L_{内基}×(a+2C+KH)H$
$= [3.3×2-(0.4+0.3)×2+3.5-(0.4+0.3)×2]×(0.8+2×0.3+0.35×1.5)×1.5$
$= 21.08(m^3)$

挖地槽工程量为

$V = V_1+V_2 = 78.54+21.08 = 99.62(m^3)$

(4)回填土：

基础回填土=挖土体积-室外地坪下埋设的基础垫层体积=99.62-15.85-2.86
$\qquad = 80.91(m^3)$

房心回填土=主墙间净面积×回填土厚度
$\qquad = [(3.5-0.24)×(3.3-0.24)×2+(3.5-0.24)×(3.3×2-0.24)]$

$$\times(0.45-0.18)=10.98(m^3)$$

或　房心回填土=$(S_1-L_{中}\times$外墙厚度$-L_{内}\times$内墙厚度$)\times$回填土厚度

$$=(49.52-27.2\times0.24-9.62\times0.24)\times(0.45-0.18)=10.98(m^3)$$

回填土工程量 $V_{回}=80.91+10.98=91.89(m^3)$

(5)运土:

$V_{运}=V-V_{回}=99.62-91.89\times1.15=-6.05(m^3)<0$

没有余土,应为取土回运土方。

【例6.6】 某建筑场地的大型土方方格网如图6.24所示,图中方格网 $a=20m$,括号内为设计标高,无括号为地面实测标高,单位为 m。试计算施工标高、零线和土方工程量。

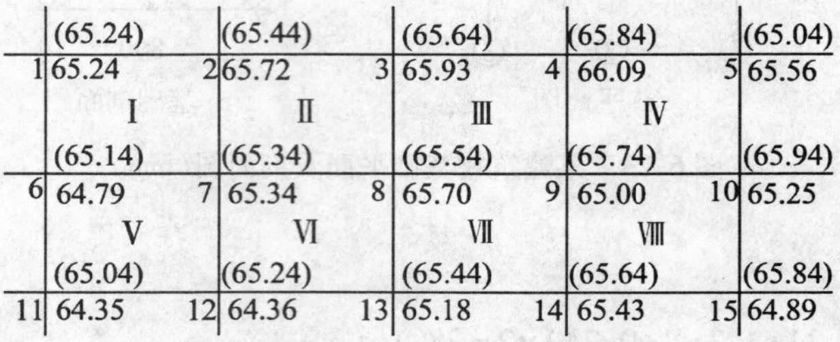

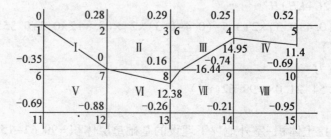

图6.24　某建筑场地的土方方格网

【解】(1)求施工标高。施工标高=地面实测标高-设计标高,如图6.25所示(十字左上角数字)。

(2)求零线。先求零点,从图6.25中可知,1和7为零点,尚需求8~13,8~9,4~9,5~10上的零点,如8~13线上的零点为

$$x=\frac{ah_1}{h_1+h_2}=\frac{20\times0.16}{0.16+0.26}=7.62(m)$$

另一段为 $a-x=20-7.62=12.38(m)$

求出零点后,连接各零点所得线即为零线,图上折线为零线,以上为挖方区,以下为填方区。

图6.25　土方方格网(施工标高、零线)

(3)求土方量。计算见表6.7。

表6.7 　　　　　　　　　　　　　　**土方工程量计算表**

方格编号	挖方(+)	填方(−)
I	$\dfrac{1}{2} \times 20 \times 20 \times \dfrac{0.28}{3} = 18.67(\mathrm{m}^3)$	$\dfrac{1}{2} \times 20 \times 20 \times \dfrac{0.35}{3} = 23.33(\mathrm{m}^3)$
II	$20 \times 20 \times \dfrac{0.28+0.29+0.16}{4} = 73.00(\mathrm{m}^3)$	
III	$(20 \times 20 - \dfrac{1}{2} \times 16.44 \times 14.95)$ $\times \dfrac{0.16+0.29+0.25}{5} = 38.8(\mathrm{m}^3)$	$\dfrac{1}{2} \times 16.44 \times 14.95 \times \dfrac{0.74}{3} = 30.31(\mathrm{m}^3)$
IV	$\dfrac{1}{2} \times (5.05+8.6) \times 20 \times$ $\dfrac{0.25+0.52}{4} = 26.28(\mathrm{m}^3)$	$\dfrac{1}{2} \times (14.95+11.4) \times 20 \times \dfrac{0.74+0.69}{4} = 94.20(\mathrm{m}^3)$
V		$20 \times 20 \times \dfrac{0.35+0.69+0.88}{4} = 192.00(\mathrm{m}^3)$
VI	$\dfrac{1}{2} \times 20 \times 7.62 \times \dfrac{0.16}{3} = 4.06(\mathrm{m}^3)$	$\dfrac{1}{2} \times (12.38+20) \times 20 \times \dfrac{0.88+0.26}{4} = 92.28(\mathrm{m}^3)$
VII	$\dfrac{1}{2} \times 3.56 \times 7.62 \times \dfrac{0.16}{3} = 0.72(\mathrm{m}^3)$	$(20 \times 20 - \dfrac{1}{2} \times 3.56 \times 7.62) \times \dfrac{0.74+0.21+0.26}{5} = 93.52(\mathrm{m}^3)$
VIII		$20 \times 20 \times \dfrac{0.74+0.69+0.21+0.95}{4} = 259.00(\mathrm{m}^3)$
合计	161.53m³	784.64m³

需回运土方填土 $784.64 - 161.53 = 623.11(\mathrm{m}^3)$

本单元小结

按图计算的土方体积(挖方、填方体积),一般是挖掘前的天然密实体积,不需考虑体积折算问题。

要注意平整场地公式 $S = S_{底} + 2 \times L_{外} + 16$ 的适用范围。

关于沟槽、基坑、土方的划分标准，市政工程与建筑工程有所不同。

对于放坡自垫层上表面开始还是下表面开始，建筑与管沟坑槽的规定有区别：建筑一般按垫层上表面开始，管沟一般按垫层下表面开始。

习　题

1. 某工程如图6.26、图6.27所示。土质为坚土。试计算条形基础土石方工程量，确定定额项目。

2. 如图6.26、图6.27所示，挖掘机大开挖土方工程，土质为普通土，自卸汽车运土，余土需运至800m。试计算挖运土工程量，确定定额项目。

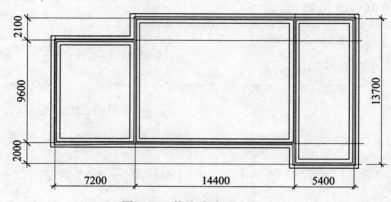

图6.26　某基础平面图（mm）

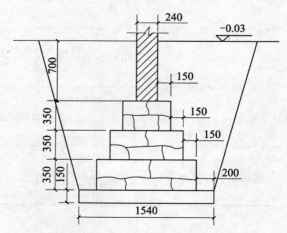

图6.27　某基础大样图（含放坡，mm）

3. 某厂区铺设混凝土排水管道2000m，管道公称直径800mm，用挖掘机挖沟槽深度1.5m，土质为坚土，自卸汽车全部运至1.8km处，管道铺设后全部用石屑回填。求挖土及回填工程量余土运土。

4. 某工程基础平面图及详图如图 6.28、图 6.29 所示，土质为二类。试求人工开挖土方的工程量。

5. 某工程基础平面图及详图如图 6.28、图 6.29 所示。土类为混合土质，其中二类土深 1.4m，下面是三类土，常地下水位为 -2.40m。试求人工开挖土方的工程量。

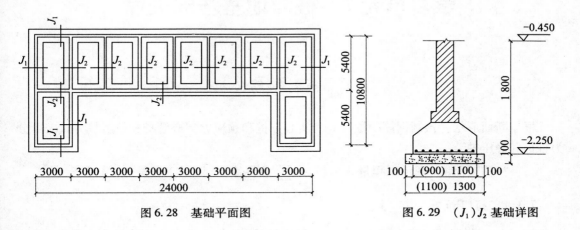

图 6.28　基础平面图　　　　　　　　　　图 6.29　(J_1)J_2 基础详图

学习单元 7 桩与地基基础工程

7.1 预制钢筋砼桩

根据断面形状，预制钢筋砼桩可分为实心方桩和预应力空心管桩；按沉桩方式，可分为打桩和静压桩。

打桩工程量 = 图示工程量 $A \times (1 + \sum$ 废品率 $)$ = 图示工程量 $A \times 1.015$

7.1.1 打(压)桩

打(压)预制钢筋混凝土桩的体积，按设计桩长(包括桩尖，不扣除桩尖虚体积)乘以桩截面面积计算。管桩的空心体积应扣除，如管桩的空心部分按要求灌注混凝土或其他填充材料，则应另行计算。预制桩、桩靴示意图如图 7.1 所示。

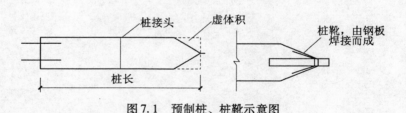

图 7.1 预制桩、桩靴示意图

7.1.2 送桩

打(压)桩桩架操作平台一般高于自然地面(设计室外地面)0.5m 左右，为了将预制桩沉入自然地面以下一定深度的标高，必须用一节短桩压在桩顶上，将其送入所需要的深度。

送桩，按桩截面面积乘以送桩长度(即打桩架底至桩顶面高度或自桩顶面至自然地坪面另加 0.5m)计算。

7.1.3 接桩

电焊接桩按设计接头，以"个"计算，如图 7.2 所示；硫磺胶泥接桩按断面，以平方米计算面积，如图 7.3 所示。

静力压预应力管桩基价已包括接桩，不另列项计算。

电焊接头就是用角钢或钢板将上、下两节桩头的预埋钢帽对齐固定后用电焊焊牢。电焊接头定额分为包角钢和包钢板两种形式。

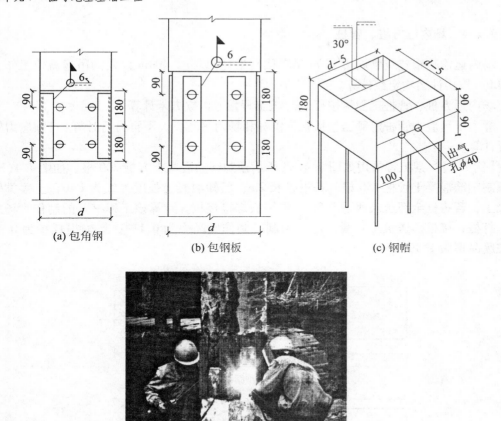

(a) 包角钢   (b) 包钢板   (c) 钢帽

(d) 电焊钢板接头现场

图 7.2 电焊接头示意图

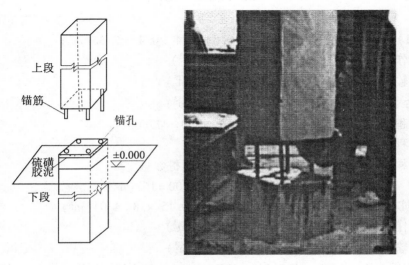

图 7.3 硫磺胶泥接桩

7.1.4 场内运方桩、管桩

场内运输是指建筑物周边 15m(吊车回转半径)以外，400m 以内的吊运就位工作，超过 400m 按构件运输定额计算。

场内运方桩、管桩工程量按打(压)桩工程量，以立方米计算。

静力压预应力管桩定额已包括就位供桩和场内吊运桩，不再另行计算(打预应力管桩仍要计算)。

【例 7.1】 某工程需用如图 7.4(a)所示预制钢筋混凝土方桩 200 根、如图 7.4(b)所示预制钢筋混凝土管桩 150 根，每根桩长 2m，已知混凝土强度等级为 C40，土壤类别为二级土，若将桩全部送入地下 3.5m，包钢板焊接接桩。计算该工程桩基的制作、场外运输、打桩、接桩、送桩工程量。已知预制桩制作废品率为 0.1%，运输损耗率为 0.4%，打桩废品率为 1.5%。

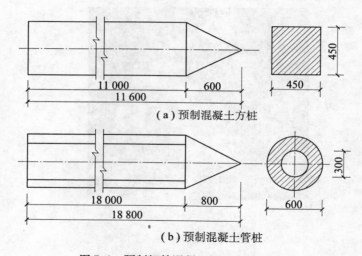

(a)预制混凝土方桩

(b)预制混凝土管桩

图 7.4 预制钢筋混凝土桩示意图(mm)

【解】(1)方桩单根工程量：$V=(11+0.6)\times0.45\times0.45=2.35(\text{m}^3)$

方桩制作：$V_{方桩}=2.35\times1.02\times200=479.4(\text{m}^3)$

场外运输：$V_{运}=2.35\times1.019\times200=478.93(\text{m}^3)$

(场内运输：$V_{运}=2.35\times1.015\times200=477.05\text{m}^3$)

打桩工程量：$V_{打}=V\times桩数=2.35\times1.015\times200=477.05(\text{m}^3)$

接桩工程量：$5\times200=1000(个)$

送桩工程量：$V_{送}=桩截面面积\times送桩长度\times送桩数量$

$\qquad\qquad =0.45\times0.45\times(3.5+0.5)\times200=162(\text{m}^3)$

(2)管桩单根工程量 $V=\pi\times0.3^2\times18.8-\pi\times0.15^2\times18=4.04(\text{m}^3)$

管桩制作：$V_{管桩}=4.04\times1.02\times150=618.12(\text{m}^3)$

场外运输：$V_{运}=4.04\times1.019\times150=617.51(\text{m}^3)$

(场内运输：$V_{运}=4.04\times1.015\times200=615.09(\text{m}^3)$，如为静力压管桩，则不再场内运输)

打桩工程量：$V_{打} = 4.04 \times 1.015 \times 200 = 615.09 (\text{m}^3)$

接桩工程量：$9 \times 150 = 1350$（个）（如为静力压管桩，则不再计此项）

送桩工程量：$V_{送}$ = 桩截面面积×送桩长度×送桩数量

7.2 现场灌注桩

7.2.1 打孔灌注桩

使用预制混凝土桩尖的打孔灌注混凝土桩，桩尖按钢筋混凝土分部的有关规定计算体积。

（1）灰土挤密桩、砂桩、碎石桩、砂石桩的体积=［设计桩长（包括桩尖、不扣除桩尖虚体积）+设计超灌长度］×钢管管箍外径截面面积。

（2）打孔灌注桩、振动沉管灌注桩体积=［设计长度（自桩尖顶面至设计桩顶面高度）+超灌长度0.25］×钢管管箍外径截面面积。

设计桩长增加0.25m，主要是考虑为了保证桩顶砼密实度而允许超灌的高度（复打时不另计超灌量），承台施工时再将其凿掉。

（3）复打桩体积=［设计桩长+空段长度（自设计室外地面至设计桩顶距离）］×管箍外径截面积。

空段长度是为了进行复打做准备，进行第一次浇灌时，需将砼灌至室外地面，把空段部分灌满；进行第二次浇灌时，只需要将砼由桩尖灌至设计桩顶标高。

（4）一般成孔深度大于设计桩长，其上部空孔部分已综合考虑了自然地面高低不平的情况，单桩浇灌时（不复打），不另计取空段人工、机械费用。

（5）夯扩桩单桩体积=［设计桩长+（夯扩投料长度−0.2×夯扩次数）×0.88+0.25］×管箍外径截面积。其中，夯扩投料长度为夯扩次数的投料累计长度。

7.2.2 钻（冲）孔灌注桩

$$单桩工程量 = （设计桩长+0.25\text{m}）×设计断面面积$$

其中，设计桩长包括桩尖，即不扣除桩尖虚体积。

泥浆池建造和拆除：按成孔体积计算。

钻（冲）孔灌注桩入岩增加费，按桩径乘以入岩深度以入岩部分体积计算。

泥浆外运，按上述成孔工程量以体积计算。

7.2.3 人工挖孔灌柱桩

1. 定额有关说明

砼护壁人工挖孔灌柱定额合并了挖土、护壁和桩芯。

红砖护壁人工挖孔灌柱桩：挖土、砌红砖护壁为一个定额，砼桩芯为另一个定额。

挖孔桩的钢筋制安、入岩增加费，另外单列项目计算。

其中的人工挖土均包括提土、运土于50m以内，排水沟修造、修正桩底、施工排水、吹风、坑内照明、安全设施搭拆等工作内容。

2. 工程量计算

（1）砼护壁+桩芯。按桩芯加砼护壁的截面积乘挖孔深度（等于设计砼护壁和桩芯共有长度）计算。设计桩身为分段圆台体时，按分段圆台体体积之和，再加上桩头扩大体积计算，如图7.5所示。出现空段部分，另行计算。

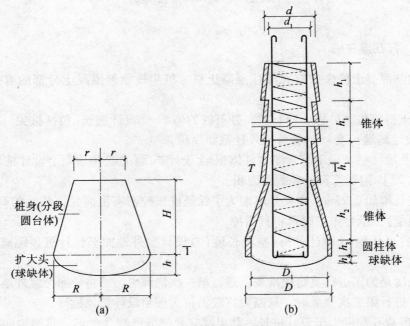

图7.5 人工挖孔桩计算示意图

圆台体体积：

$$V = \frac{1}{3}\pi H(R^2 + r^2 + R \cdot r)$$

球缺体体积：

$$V = \frac{1}{6}\pi h(3R^2 + h^2)$$

（2）红砖护壁（不含桩芯）。按桩芯加红砖护壁的截面积乘挖孔深度（等于挖土体积）计算。

（3）砼桩芯（不含红砖护壁）。按砼桩芯截面积乘桩芯深度计算。

（4）人工挖孔桩中的砼护壁及砼桩芯的砼强度等级、种类与定额所示不同时，可以换算。

（5）人工挖孔桩入岩增加费。按设计入岩部分体积计算。孔深和设计深度包括入岩深度。

7.2.4 深层搅拌水泥桩

（1）深层搅拌水泥桩按［设计桩长（指设计桩顶标高至桩底长度）+另加长度（指超灌长度）］×设计截面面积，以立方米计算，设计未注明超灌长度，可按0.5m计算。

若设计桩顶标高至设计室外地坪小于0.5m或已达设计室外地坪时，另加长度应小于0.5m或不计。空搅部分的长度按设计桩顶标高至设计室外地坪的长度减去另加长度计算。

（2）粉喷桩复喷，按设计复喷桩长×设计断面面积计算。

本单元小结

预制钢筋砼桩工程量计算要考虑打桩废品率。列项有：打（压）桩、送桩、接桩、场内运输。但静压管桩不计算接桩和场内运输。

灌注桩的钢筋笼另行计算。

打孔、钻（冲）孔灌注桩计算长度均含桩尖，且要考虑超灌长度。

人工挖孔桩设计桩身为分段圆台体时，按分段圆台体体积之和，再加上桩头扩大体积计算。砼护壁的挖孔桩综合挖土、护壁、桩芯为一项；砖护壁的挖孔桩综合挖土、护壁为一项；桩芯为一项。

习　题

1. 某工程用截面400mm×400mm、长12m预制钢筋砼方桩280根，设计桩长24m（包括桩尖），采用轨道式柴油打桩机，土壤级别为一级土，采用包钢板焊接接桩，已知桩顶标高为-4.1m，室外设计地面标高为-0.30m。试计算桩基础的工程量。

2. 某桩基础工程，土质类别为一级土，设计为预制方桩300mm×300mm，每根工程桩长18m（6m+6m+6m），共200根。桩顶标高为-2.15m，设计室外地面标高为-0.60m，柴油打桩机施工，硫磺胶泥接头。试计算场内运方桩、打桩、接桩及送桩工程量。

3. 某工程钻孔桩（图7.6）100根，设计桩径为60cm，设计桩长平均为25m，按设计要求需入微风化岩0.5m，桩顶标高为-2.5m，施工场地标高为-0.5m。泥浆运输距离为3km。混凝土为C25。试计算桩基础工程量。

4. 某工程使用静压预应力管桩220根，平均桩长20m，桩径为φ400，钢桩尖每个重35kg。按设计要求桩需进入强风化岩0.5m。土壤级别为综合类。试计算桩基础工程量。

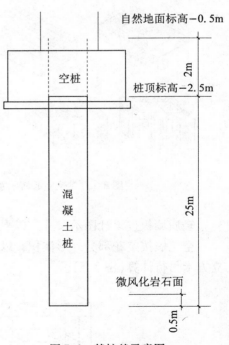

图7.6　某桩基示意图

学习单元 8　砌筑工程

8.1　墙体工程量

8.1.1　计算规则

墙体按体积，以立方米计算。多孔砖墙、空心砖墙(图 8.1)和空心砌块墙(图 8.2)不扣除孔和空心部分体积。砌块墙按设计规定需要镶嵌砖砌体部分，已包括在定额内，不另计算。

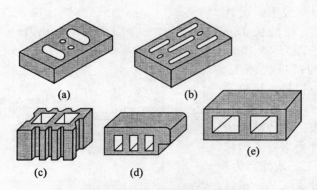
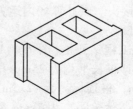

图 8.1　黏土空心砖示意图　　　　图 8.2　混凝土小型空心砌块示意图

轻质墙板按设计图示尺寸，以平方米计算。

空花墙按空花部分外形体积，以立方米计算，空花部分不予扣除，其中实砌体部分以立方米另行计算(图 8.3)。

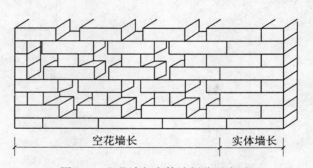

图 8.3　空花墙与实体墙划分示意图

空斗墙按外形尺寸，以立方米计算，墙角、内外墙交接处、门窗洞口立边、窗台砖及屋檐处的实砌部分(图8.4)已包括在定额内，不另行计算。但窗间墙、窗台下、楼板下、梁头下等实砌部分，应另行计算，按套零星砌体定额项目列项。

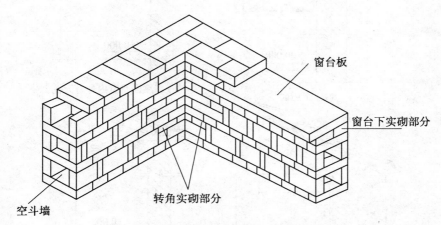

图 8.4　空斗墙转角及窗台下实砌部分示意图

围墙以设计长度×高度，按面积计算。围墙定额中已综合了墙垛、砖压顶、砖拱等因素，不另计算。

8.1.2　计算公式

墙体工程量=(墙体的长度×墙体的高度−门窗洞口所占的面积)×墙体的厚度−嵌入墙身柱、梁所占体积

框架间砌体，以框架间的净空面积×墙厚计算。

1. 墙的长度

外墙长度按外墙中心线长度计算，内墙长度按内墙净长线计算。

2. 墙身高度计算规定

(1)外墙墙身高度：斜(坡)屋面无檐口天棚者，算至屋面板底；有屋架且室内外均有天棚者，算至屋架下弦底面另加200mm；无天棚者，算至屋架下弦底加300mm，出檐宽度超过600mm时，应按实砌高度计算；平屋面算至钢筋混凝土板底。如图8.5所示。

(2)内墙墙身高度：位于屋架下弦者，其高度算至屋架下弦底；无屋架者，算至天棚底另加100mm；有钢筋混凝土楼板隔层者，算至板面；有框架梁者，算至梁底面。

(3)内、外山墙墙身高度：按其平均高度计算。

(4)女儿墙高度：从屋面板上表面算至女儿墙顶面(如有混凝土压顶，则算至压顶下面)，然后分别按不同墙厚并入外墙计算。

3. 砌体厚度

砌体厚度按如下规定计算：标准砖以240mm×115mm×53mm为准，其砌体计算厚度按表8.1计算。

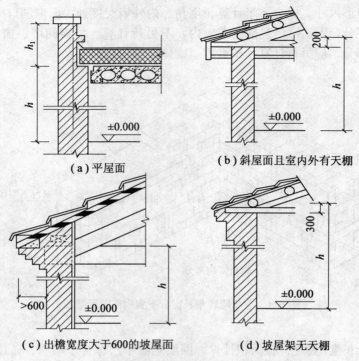

（a）平屋面　　　　　　　　　　（b）斜屋面且室内外有天棚

（c）出檐宽度大于600的坡屋面　　　　　（d）坡屋架无天棚

图 8.5　不同情况下的外墙高度（mm）

表 8.1　　　　　　　　　　　　　　　标准砖砌体计算厚度

砖数厚度	1/4	1/2	1.00	1.5	2	2.5	3
计算厚度（mm）	53	115	240	365	490	615	740

4. 扣减增加相关规定

（1）应扣除：门窗洞口、过人洞、空圈、嵌入墙身的钢筋混凝土柱、梁（包括过梁、圈梁、挑梁）、砖平碹、钢筋砖过梁和暖气包壁龛及内墙板头所占的体积。

（2）不扣除：梁头、内外墙板头（图 8.6）、檩头、垫木、木楞头、沿椽木、木砖、门窗走头（图 8.7）、砖墙内的加固钢筋、木筋、铁件、钢管及每个面积在 $0.3m^2$ 以内的孔洞等所占的体积。

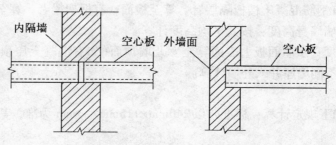

图 8.6　内外墙板头示意图

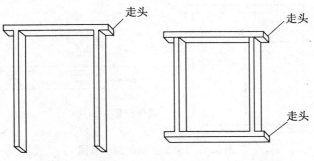

图 8.7　门窗走头示意图

（3）不增加：突出墙面的窗台虎头砖（图 8.8）、压顶线（图 8.9）、山墙泛水（图 8.10）、烟囱根（图 8.11）、门窗套（图 8.12）及三皮砖以内的腰线和挑檐等所占的体积（图 8.13、图 8.14）。

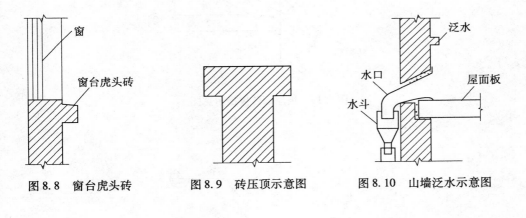

图 8.8　窗台虎头砖　　　　图 8.9　砖压顶示意图　　　　图 8.10　山墙泛水示意图

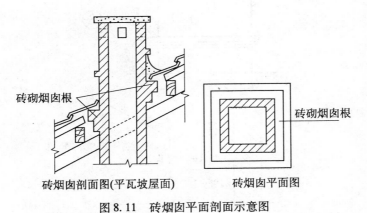

砖烟囱剖面图（平瓦坡屋面）　　　砖烟囱平面图

图 8.11　砖烟囱平面剖面示意图

（4）增加：附墙砖垛、三皮砖以上的腰线和挑檐等所占的体积。附墙烟囱（包括附墙通风道、垃圾道）按其外形体积计算，并入所依附的墙体积内，不扣除每一个孔洞横截面在 0.1m² 以内的体积，但孔洞内的抹灰工程亦不增加。

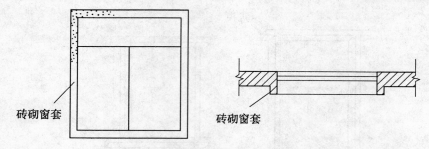

图 8.12　窗套立面剖面示意图

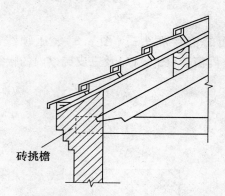

图 8.13　坡屋面砖挑檐示意图

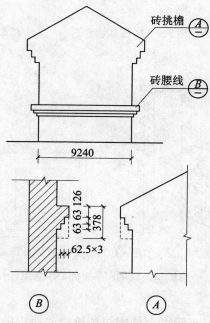

图 8.14　砖挑檐、腰线示意图(mm)

5. 基础与墙身的划分

（1）基础与墙身使用同一种材料时，以设计室内地面为界（有地下室时，以地下室室内设计地面为界），以下为基础，以上为墙身。如图8.15所示。

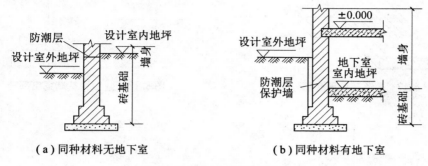

（a）同种材料无地下室　　　　　　（b）同种材料有地下室

图8.15　基础与墙身的划分

（2）基础与墙身使用不同材料时，位于设计室内地面±300mm以内时，以不同材料为分界线，超过±300mm时，以设计室内地面为分界线。如图8.16所示。

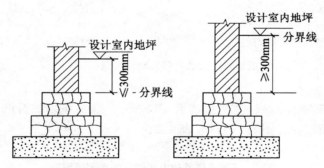

图8.16　基础与墙身的划分

（3）砖围墙以设计室外地坪为界，以下为基础，以上为墙身。

8.2　砖基础工程量

砖基础按体积，以立方米计算。

$$条形基础的工程量＝基础断面积×基础的长度$$

基础长度：外墙墙基按外墙中心线长度计算，内墙墙基按内墙基净长计算。

不予扣除：基础大放脚T形接头处的重叠部分（图8.17）以及嵌入基础的钢筋、铁件、管道、基础防潮层及单个面积在0.3m²以内孔洞所占体积。

不增加：靠墙暖气沟（图8.18）的挑砖。

增加：附墙垛基础宽出部分（图8.19）体积。

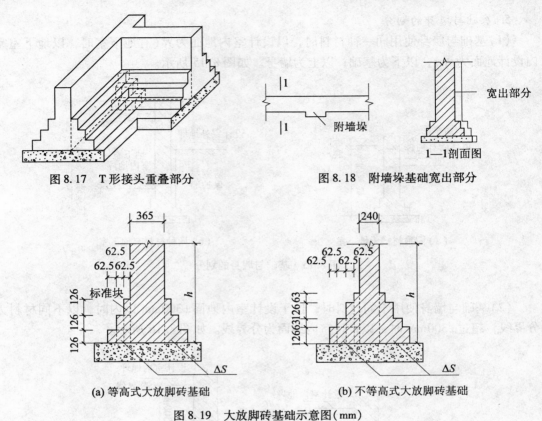

图 8.17　T 形接头重叠部分　　　　　　图 8.18　附墙垛基础宽出部分

图 8.19　大放脚砖基础示意图(mm)

基础断面积=基础墙墙后×基础厚度+大放脚增加面积

大放脚增加断面面积(图 8.19)可查表 8.2。

表 8.2　　　　　　　　　　等高、不等高砖基础大放脚增加断面面积表

放脚层数	增加断面面积(m²)	
	等高	不等高
一	0.0158	0.0158
二	0.0473	0.0394
三	0.0945	0.0788
四	0.1575	0.1260
五	0.2363	0.1890
六	0.3308	0.2599
七	0.4410	0.3465
八	0.5670	0.4411
九	0.7088	0.5513
十	0.8663	0.6694

8.3　其他构件工程量

(1)砖柱按实砌体积,以立方米计算,柱基套用相应基础项目。

(2)砖平碹、钢筋砖过梁按图示尺寸,以立方米计算。如设计无规定时,砖平碹(图8.20)按门窗洞口宽度两端共加100mm乘以高度(门窗洞口宽小于1500mm时,高度为240mm,大于1500mm时,高度为365mm)计算。砖弧碹(图8.21)长度按弧形中心线计算,高度取定同砖平碹。钢筋砖过梁(图8.22)按门窗洞口宽度两端共加500mm,高度按440mm计算。

$$砖平碹工程量=(门窗洞口宽度+100mm)×高度×厚度$$

$$砖弧碹工程量=弧碹中心线长×高度×厚度$$

$$钢筋砖过梁工程量=(门窗洞口宽度+500mm)×440mm×厚度$$

(3)砖砌台阶按水平投影面积计算(不含梯带或台阶挡墙也称牵边)。最上层台阶踏步外沿向平台内300mm为平台与台阶的分界。

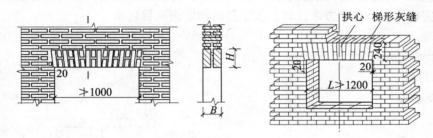

图 8.20　砖平碹(mm)

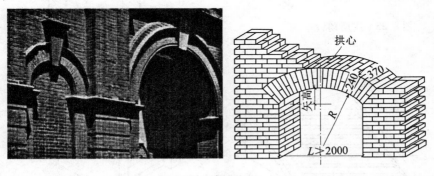

图 8.21　砖弧碹(mm)

(4)检查井、化粪池适用建设场地范围内与建筑物配套的上、下水工程。它们不分形状大小、埋置深浅,按垫层以上实有外形体积计算。

定额工作内容包括土方、垫层、底板、立墙、顶盖及粉刷全部工料,不包括预盖板上中间的砼圈及与之配套的砼盖、铁盖、铁圈,以及井池内预埋进出水套管、支架、铁件等工料。

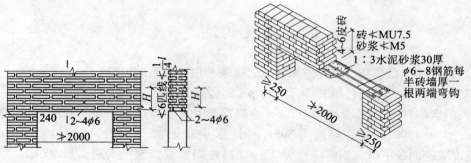

图 8.22　钢筋砖过梁(mm)

　　(5)砖砌锅台、炉灶不分大小，均按图示外形尺寸，以立方米计算，不扣除各种空洞的体积。锅台一般指大食堂、餐厅里用的锅灶，炉灶一般指住宅里每户用的灶台。

　　(6)地垄墙按实砌体积套用砖基础定额。

　　(7)厕所蹲台(图 8.23)、水槽腿(图 8.24)、煤箱、暗沟、台阶挡墙或梯带(图 8.25)、花台、花池及支撑地楞的砖墩(图 8.26)，房上烟囱及毛石墙的门窗立边、窗台虎头砖等按实砌体积，以立方米计算，按零星砌体定额项目列项。

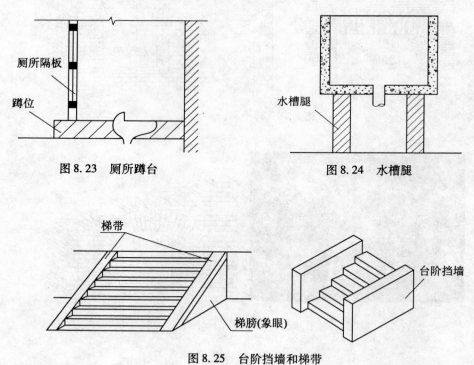

图 8.23　厕所蹲台　　　　　　　　图 8.24　水槽腿

图 8.25　台阶挡墙和梯带

　　(8)砖砌地沟按墙基、墙身合并，以立方米计算。

　　【例 8.1】　某办公室平面图及其剖面图如图 8.27 所示，有关尺寸见表 8.3，已知内外墙厚均 240mm，层高 3.3m，板厚 100mm，内外墙上均设 QL，与板顶平，洞口上部设置

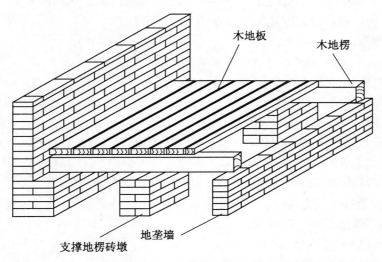

图 8.26 支撑地楞的砖墩

GL(洞口宽度在 1m 以内的采用钢筋砖 GL, 洞口宽度在 1m 上外的采用钢筋砼 GL), 外墙转角设置 GZ。试根据已知条件对砌筑工程列项, 并计算分项工程量。

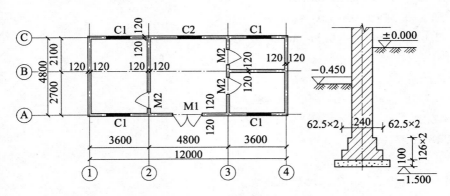

图 8.27 平面图及其剖面图(mm)

表 8.3   门窗及构件尺寸表

门窗名称	洞口尺寸	构件名称		构件尺寸或体积
M1	1800×2400	板底 GZ		0.08m³/根(±0.00 下)
				0.18m³/根(±0.00 上)
M2	1000×2400	板底 QL	外墙	$L_{中}$×0.24×0.2
C1	1800×1800		内墙	$L_{内}$×0.24×0.2
C2	2100×1800	钢筋砼 GL		(洞口宽+0.5)×0.24×0.18

【解】(1)列项。

本工程所完成的砌筑工程的施工内容为：砖基础、砖墙、钢筋砖 GL，所以本任务应列的砌筑工程定额项目为：砖基础、内外砖墙、钢筋砖 GL。

（2）计算基数。

$L_{中} = (12+4.8) \times 2 = 33.6(m)$

$L_{内} = (4.8-0.24) \times 2 + 3.6 - 0.24 = 12.48(m)$

（3）砖基础。

砖基础工程量 = 基础断面积 × 基础长度 - GZ

外墙砖基础工程量 = $33.6 \times [0.24 \times (1.5-0.1) + 0.0473] = 12.88(m^3)$

内墙砖基础工程量 = $12.48 \times [0.24 \times (1.5-0.1) + 0.0473] = 4.78(m^3)$

砖基础工程量 = $12.88 + 4.78 - 0.08 \times 4 = 17.34(m^3)$

（4）内外砖墙扣除门窗洞口。

240 外墙：M1：$1.8 \times 2.4 = 4.32(m^2)$

C1：$1.8 \times 1.8 \times 4 = 12.96(m^2)$

C2：$2.1 \times 1.8 = 3.78(m^2)$

合计 21.06m²。

240 内墙：M2：$1 \times 2.4 \times 3 = 7.2(m^2)$

（5）钢筋砼 GL。

外墙：M1：$(1.8+0.5) \times 0.24 \times 0.18 = 0.1(m^3)$

C1：$2.3 \times 0.24 \times 0.18 \times 4 = 0.4(m^3)$

C2：$2.6 \times 0.24 \times 0.18 = 0.11(m^3)$

合计 0.61m³。

（6）钢筋砖 GL。

M2：$(1+0.5) \times 0.44 \times 0.24 \times 3 = 0.48(m^3)$

（7）GZ。

$4 \times 0.18 = 0.72(m^3)$

（8）QL。

外墙：$33.6 \times 0.24 \times 0.2 = 1.61(m^3)$

内墙：$12.48 \times 0.24 \times 0.2 = 0.6(m^3)$

（9）外墙。

$V = 33.6 \times 3.2 \times 0.24 = 25.8(m^3)$

扣除：MC：$21.06 \times 0.24 = 5.05(m^3)$

埋件体积：GL+GZ+QL = $0.61+0.72+1.61 = 2.94(m^3)$

外墙墙体工程量：$25.8-5.05-2.94 = 17.81(m^3)$

（10）内墙。

$V = 12.48 \times 3.2 \times 0.24 = 9.58(m^3)$

扣除：MC：$7.2 \times 0.24 = 1.73(m^3)$

埋件体积：GL+GZ+QL = $0.48+0.6 = 1.08(m^3)$

内墙墙体工程量：$9.58-1.73-1.08 = 6.77(m^3)$

（11）钢筋砖 GL 工程量：0.48 m³。

8.4 砖烟囱工程量

(1)砖烟囱，其筒身圆形、方形均按图示筒壁平均中心线周长×厚度×高度，扣除筒身各种孔洞、钢筋混凝土圈梁、过梁等体积，以立方米计算，其筒壁周长不同时，可按下式分段计算：

$$V = \sum H \times C \times \pi D$$

式中，V 为筒身体积(m^3)；H 为每段筒身垂直高度(m)；C 为每段筒壁厚度(m)；D 为每段筒壁中心线的平均直径(m)。

(2)砖基础与砖筒身以砖基础大放脚的扩大顶面为界。砖基础以下的混凝土或混凝土底板按相应的定额计算。

(3)烟道、烟囱内衬按不同内衬材料并扣除孔洞后，以图示实体体积，以立方米计算。

(4)烟囱内衬填料按烟囱内衬与筒身之间的中心线平均周长×图示宽度和筒高，并扣除各种孔洞所占体积(但不扣除连接横砖及防沉带的体积)后，以立方米计算。填料所需人工已包括在砌内衬子目内，填料按不同设计材料，按实计算。

【例8.2】 根据图8.28中的有关数据和上述公式计算砖砌烟囱和圈梁工程量。

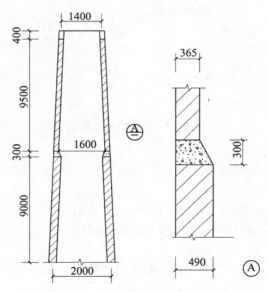

图 8.28 有圈梁砖烟囱示意图(mm)

【解】砖砌烟囱工程量计算。

① 上段。已知 $H = 9.5$m，$C = 0.365$m。

$D = (1.40 + 1.60 + 0.365) \times 1/2 = 1.68$(m)

$V_{上} = 9.50 \times 0.365 \times 3.1416 \times 1.68 = 18.30$($m^3$)

② 下段。已知 $H = 9.0$m，$C = 0.490$m。

$D = (2.0 + 1.60 + 0.365 \times 2 - 0.49) \times 1/2 = 1.92$(m)

$V_\text{下} = 9.0 \times 0.49 \times 3.1416 \times 1.92 = 26.60(\text{m}^3)$

$V = 18.30 + 26.60 = 44.90(\text{m}^3)$

混凝土圈梁工程量计算。

① 上部圈梁：

$V_\text{上} = 1.40 \times 3.1416 \times 0.4 \times 0.365 = 0.64(\text{m}^3)$

② 中部圈梁：

圈梁中心直径 $= 1.60 + 0.365 \times 2 - 0.49 = 1.84(\text{m})$

圈梁断面积 $= (0.365 + 0.49) \times 1/2 \times 0.30 = 0.128(\text{m}^2)$

$V_\text{中} = 1.84 \times 3.1416 \times 0.128 = 0.74(\text{m}^3)$

$V = 0.74 + 0.64 = 1.38(\text{m}^3)$

（5）烟道砌砖：烟道与炉体的划分以第一道闸门为界，炉体内的烟道部分列入炉体工程量计算。烟道拱顶（图8.29）按实体积计算。计算公式：

$$V = 圆弧长 \times 拱厚 \times 拱长$$

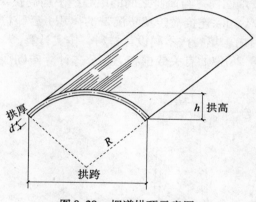

图 8.29　烟道拱顶示意图

【例8.3】　某烟道拱顶厚为0.18m，半径为4.8m，θ角为180°，拱长为10m，求拱顶体积。

【解】已知 $d = 0.18\text{m}$，$R = 4.8\text{m}$，$\theta = 180°$，$L = 10\text{m}$，得

$V = (3.1416/180) \times 4.8 \times 180 \times 0.18 \times 10 = 27.14(\text{m}^3)$

本单元小结

砌体结构除另有说明者外，均以实体体积计算。要注意扣减与不扣减、增加与不增加部分。

习　　题

1. 试求如图8.30所示砌筑砖基础的工程量。

2. 某建筑物平面图、墙体剖面图如图8.31所示，M7.5混浆砌筑混水砖墙，

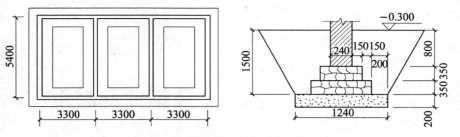

图 8.30   某建筑砖基础平面剖面图(mm)

M1：1800mm×2700mm，C1：1500mm×1800mm。试计算砌筑工程量(不考虑柱马牙槎，墙垛不伸入女儿墙)，试计算墙体工程量。

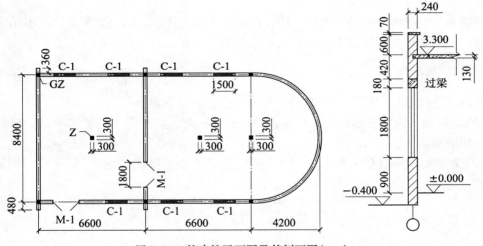

图 8.31   某建筑平面图及其剖面图(mm)

3. 如图 8.32 所示，某挡土墙工程用 M2.5 混合砂浆砌筑毛石，长度为 200m。求其工程量。

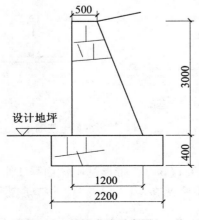

图 8.32   某挡土墙示意图(mm)

学习单元9 混凝土及钢筋混凝土

9.1 现浇砼制作

9.1.1 一般规定

混凝土工程量除另有规定者外，均按图示尺寸实体体积，以立方米计算。不扣除构件内钢筋、预埋铁件及墙、板中 $0.3m^2$ 内的孔洞所占体积。

9.1.2 基础

基础与上部结构(墙、柱)的划分，以基础扩大顶面为界。

(1)基础梁：两端支承在独立柱基顶面，梁底托空，以承受上部墙体荷载，起着墙体基础作用的梁。

(2)无梁式带形基础(图9.1(a))：是指基础底板不带梁或者梁顶面不凸出底板的暗梁。

$$V=\left(Bh_1+\frac{B+b}{2}h_2\right)\times(L_{中}+L_{内})+V_{搭}$$

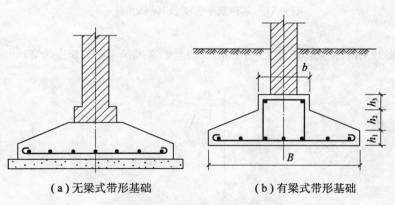

(a)无梁式带形基础　　　　(b)有梁式带形基础

图9.1　带形混凝土基础

(3)有梁式带形基础(图9.1(b))：带形基础截面呈⊥形，且配有梁的钢筋时，为有梁式带形基础，其肋高与肋宽之比在4∶1以内的，按有肋带形基础计算，公式为

$$V=\left(Bh_1+\frac{B+b}{2}h_2+bh_3\right)\times(L_{中}+L_{内})+V_{搭}$$

超过4∶1的，其基础底板按板式基础计算，以上部分按墙计算。

$L_{搭}$的计算如图9.2所示。

$V_{搭}$的计算如图9.2所示。

当$h_3=0$时，即无梁式带形基础：

$$V_{搭}=L_d\frac{B+2b}{6}h_2$$

当$h_3\neq0$时，即有梁式带形基础：

$$V_{搭}=L_dbh3+L_d\frac{B+2b}{6}h_2$$

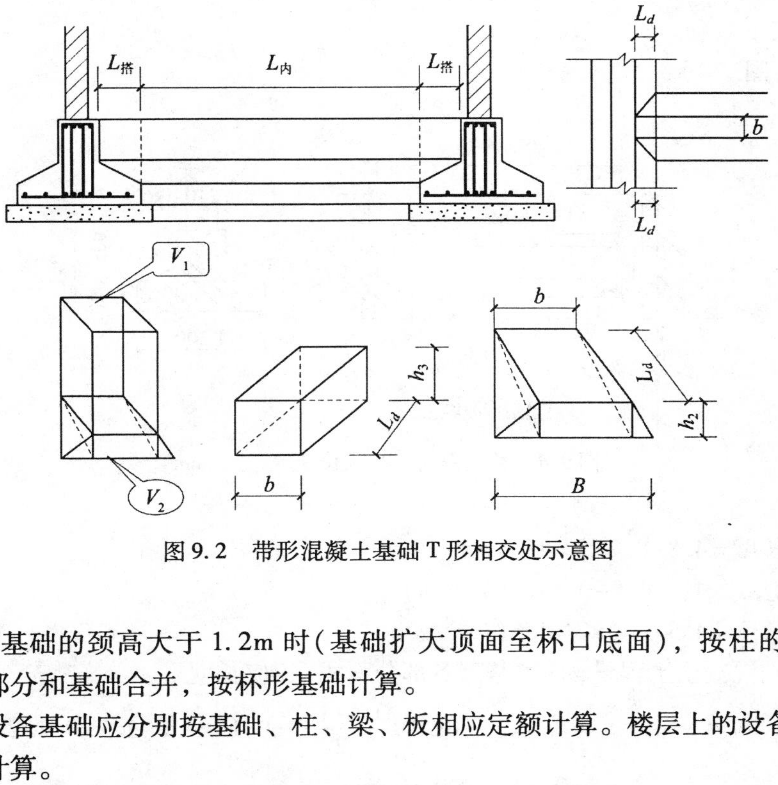

图9.2 带形混凝土基础T形相交处示意图

(4)杯形基础的颈高大于1.2m时(基础扩大顶面至杯口底面)，按柱的相应定额执行，其杯口部分和基础合并，按杯形基础计算。

框架式设备基础应分别按基础、柱、梁、板相应定额计算。楼层上的设备基础按有梁板定额项目计算。

满堂基础有扩大或角锥形柱墩时，应并入满堂基础内计算。

箱式满堂基础拆开三个部分分别套用相应的满堂基础、墙、板定额计算。

【例9.1】 如图9.3所示为有梁式条形基础，计算其混凝土工程量。

【解】(1)外墙下基础。

由图可以看出，该基础的中心线与外墙中心线(也是定位轴线)重合，故外墙基的计算长度可取$L_{中}$。

外墙基础混凝土工程量=基础断面积×$L_{中}$

$$=\left(0.4\times0.3+\frac{0.4+1.2}{2}\times0.15+1.2\times0.2\right)\times(3.6\times2+4.8)\times2$$

$$=0.48\times24=11.52(m^3)$$

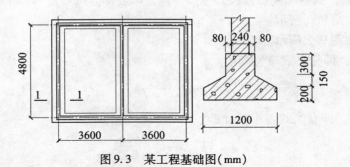

图 9.3　某工程基础图（mm）

（2）内墙下基础。

方法一（图 9.4）：

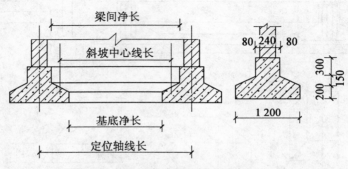

图 9.4　某工程内墙基础长度示意图（mm）

梁间净长度 = 4.8 − 0.2×2 = 4.4（m）

斜坡中心线长度 = 4.8 − 0.4×2 = 4.0（m）

基底净长度 = 4.8 − 0.6×2 = 3.6（m）

内墙基础混凝土工程量 = 内墙基础各部分面积×相应长度

$$= 0.4×0.3×4.4 + \frac{0.4+1.2}{2}×0.15×4.0 + 1.2×0.2×3.6$$

$$= 0.528 + 0.48 + 0.864$$

$$= 1.872（m^3）$$

方法二：

内墙基础净长度 = 4.8 − 0.6×2 = 3.6（m）

内墙基础混凝土工程量 = 内墙基础截面积×内墙基础净长度 + $V_搭$ = 0.48×3.6 + $V_搭$

$$V_搭 = L_d b h_3 + L_d \frac{B+2b}{6} h_2 = 0.4×0.4×0.3 + 0.4×\frac{1.2+2×0.4}{6}×0.15 = 0.068（m^3）$$

内墙基础混凝土工程量 = 0.48×3.6 + 0.068 = 1.728 = 1.796（m³）

两种方法差值 = 1.796 − 1.872 = −0.076m³，误差率 4.2%。

9.1.3　柱

1. 柱

$$柱混凝土工程量 = 图示断面面积 \times 柱高$$

依附柱上的牛腿的体积，并入柱身体积内计算。

柱高按表 9.1 的规定确定，如图 9.5 所示。

表 9.1　　　　　　　　　　　　　　　**柱高度确定表**

项目名称	计算高度
有梁板中的柱	底层应自柱基上表面至楼板上表面计算，楼层柱高由楼板顶面算至上一层楼板顶面；柱与梁板相交的部分算至柱里面
无梁板中的柱	底层应自柱基上表面算至柱帽下边沿，楼层柱高由楼板顶面算至柱帽下边沿
构造柱	砖混结构项目的构造柱高度，由基础顶面或地圈梁顶面算至柱顶，按全高计算；框架结构项目的构造柱高度，按框架梁之间的净高计算

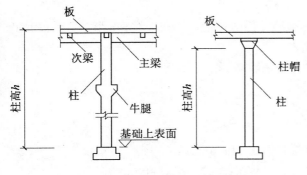

图 9.5　柱高确定示意图

2. 构造柱(图 9.6)

如先浇筑后砌墙，则按周长 1.2m 内现浇矩形柱计算。

图 9.6　构造柱示意图

1)带马牙槎构造柱体积计算(图9.7)

按实体体积计算,计算式如下:

$$V_{构柱}=柱截面积×柱高+马牙槎的伸入部分体积$$

或　　　　　　　　　　$$V_{构柱}=构造柱计算断面积×柱高$$

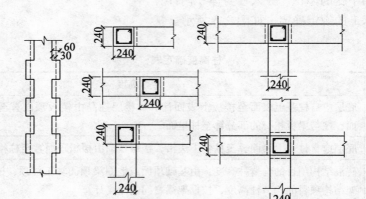

图9.7　带马牙槎构造柱计算断面示意图(mm)

常用构造柱平面布置形式一般有:门边构造柱、一字形、L形、T形、十字形等。

马牙槎咬接边数情况一般有:

(1)一边咬接:门边构造柱、一字墙端部;

(2)两边咬接:L形、一字墙;

(3)三边咬接:T形;

(4)四边咬接:十字形。

2)构造柱计算断面积(设柱断面为0.24m×0.24m)

(1)单边咬接:$S=0.24×0.24+0.24×0.03=0.0648(m^2)$;

(2)两边咬接:$S=0.24×0.24+2×0.24×0.03=0.072(m^2)$;

(3)三边咬接:$S=0.24×0.24+3×0.24×0.03=0.0792(m^2)$;

(4)四边咬接:$S=0.24×0.24+4×0.24×0.03=0.0864(m^2)$。

【例9.2】　某工程在如图9.8所示位置上设置了构造柱,已知构造柱断面尺寸为240mm×240mm,柱支模高度3m,墙厚240mm。试计算构造柱砼工程量。

【解】(1)90°转角处:

GZ 砼工程量$=(0.24×0.24+0.03×0.24×2)×3=0.216(m^3)$

(2)T形接头处:

GZ 砼工程量$=(0.24×0.24+0.03×0.24×3)×3=0.238(m^3)$

(3)十字接头处:

GZ 砼工程量$=(0.24×0.24+0.03×0.24×4)×3=0.259(m^3)$

(4)一字接头处:

GZ 砼工程量$=(0.24×0.24+0.03×0.24×2)×3=0.216(m^3)$

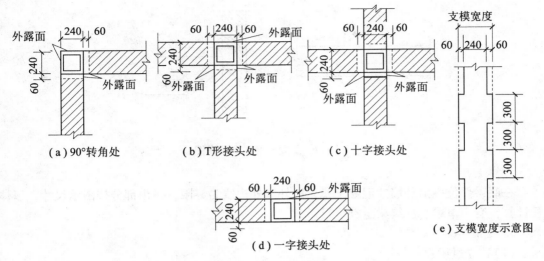

（a）90°转角处　　（b）T形接头处　　（c）十字接头处

（d）一字接头处

（e）支模宽度示意图

图9.8 构造柱设置示意图（mm）

9.1.4 梁

1. 一般规定

梁按图示断面尺寸×梁长，以立方米计算。梁长按下列规定确定：

（1）主、次梁与柱连接时，梁长算至柱侧面；次梁与柱子或主梁连接时，次梁长度算至柱侧面或主梁侧面；伸入墙内的梁头应计算在梁长度内，梁头有捣制梁垫者，其体积并入梁内计算。

（2）圈梁与过梁连接时，分别套用圈梁、过梁定额，其过梁长度按门、窗洞口宽度两端共加50cm计算。

（3）悬臂梁与柱或圈梁连接时，按悬挑部分计算工程量；独立的悬臂梁，按整个体积计算工程量。

2. 圈梁

圈梁按图示断面尺寸×梁长，以立方米计算。梁长按下列规定确定：

（1）外墙按中心线长度计算，内墙按内墙净长线计算。

（2）圈梁与过梁连接者，分别套用圈梁、过梁定额；圈梁与过梁不易划分时，其过梁长度按门窗洞口外围两端共加500mm计算，其他按圈梁计算。即：

①当圈梁与过梁相互独立时：

$$V_{圈梁} = S_{断(圈梁)} \times (L_{外中} + L_{内净(圈梁)} - \sum L_{构造柱})$$

②当圈梁与过梁合一时：

$$V_{圈梁} = S_{断(圈梁)} \times (L_{外中} + L_{内净(圈梁)} - \sum L_{构造柱} - \sum L_{过梁})$$

圈梁与构造柱连接时，圈梁长度算至构造柱侧面。构造柱有马牙槎时，圈梁长度算至构造柱主断面（不包括马牙槎）的侧面。

③当圈梁与梁连接时：圈梁体积应扣除伸入圈梁内的梁体积，如图9.9所示。

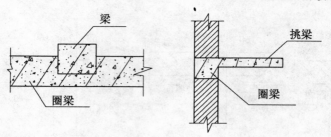

图 9.9　圈梁与梁连接示意图

在圈梁部位挑出外墙的混凝土梁,以外墙外边线为界限,挑出部分按图示尺寸,以体积计算,套用单梁、连续梁定额子目。

3. 过梁

(1)独立过梁:

$$V_{过梁}=S_{断(过梁)}\times L_{过梁}$$

其中,$L_{过梁}$为过梁的设计长度,若设计未规定时,按洞口宽度每边各加 250mm 计。过梁高按有关图集计算,过梁宽同墙厚。

(2)圈梁与过梁合一的过梁:过梁体积单独计算,此时过梁高同圈梁高。

$$V_{过梁}=S_{断(过梁)}\times(L_{洞口宽}+2\times 0.25)$$

9.1.5　板

板按图示面积乘以板厚,以立方米计算。

1. 平板

平板是指无柱无梁、四边直接搁置在圈梁或承重墙上的板,或不与板整浇的独立梁上的板,其工程量按板实体体积计算。有多种板连接时,应以墙中线划分,伸入墙内的板头并入板内计算。与圈梁相连的板算至圈梁侧边。

2. 有梁板

与现浇的梁(不含圈梁)整浇的板,均按有梁板计算。工程量以梁与板体积之和计算。与柱头重合部分体积应扣除。

3. 无梁板

无梁板是指直接支承在柱帽上而没有梁的楼板结构体系,是板与柱帽的总称。工程量以板体积与柱帽体积之和计算。

4. 其他板

现浇挑檐、天沟板、雨篷、阳台与板(包括屋面板、楼板)连接时,以外墙为分界线,与圈梁(包括其他梁)连接时,以梁外边线为分界线。外墙边线以外或梁外边线以外为挑檐、天沟、雨篷或阳台。

挑檐天沟按图示尺寸以体积计算。挑檐板按挑出的水平投影面积计算,套用遮阳板子目。

阳台、雨篷、遮阳板均按伸出墙外的水平投影面积计算,其中伸出墙外的悬臂梁已包括在定额内,不另计算,但嵌入墙内的梁按相应定额另行计算。当雨篷侧面挑起高度超过

200mm 时，按栏板项目以全高计算。

【例 9.3】　某屋面平面及剖面如图 9.10 所示。试计算挑檐砼工程量。

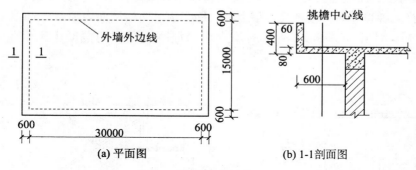

(a) 平面图　　　　　　　　(b) 1-1剖面图

图 9.10　挑檐示意图(mm)

【解】底板中心线长 = [(30+1.2-0.6)+(15+1.2-0.6)]×2=92.4(m)

底板体积=92.4×0.6×0.08=4.44(m³)

挑檐立板中心线长 = [(30+1.2-0.06)+(15+1.2-0.06)]×2=94.56(m)

立板体积=94.56×0.06×0.32=1.82(m³)

合计：6.26m³。

9.1.6　墙

墙按图示中心线长度×墙高及厚度，以立方米计算，应扣除门窗洞口及 0.3m² 以外孔洞的面积。剪力墙带暗柱一次浇捣成型时，套用墙子目；剪力墙带明柱(一侧或两侧突出的柱)一次浇捣成型时，应按结构分开计算工程量，分别套用墙子目和柱子目。

墙净长不大于 4 倍墙厚时，套用柱子目；墙净长大于 4 倍墙厚时，按其形状套用相应墙的子目，见表9.2。

表9.2　　　　　　　　　　　　　　墙工程量计算表

项目名称	计算体积
带暗柱	柱体积并入墙体积计算
带明柱	分别列项计算墙体积和柱体积
短肢剪力墙(4 倍墙厚<墙净长≤7 倍墙厚)	按墙体积计算
墙净长≤4 倍墙厚	按柱计算

9.1.7　整体楼梯

整体楼梯应分层，按其水平投影面积计算，包括梯段板(含斜梁)、中间平台(含平台梁)、楼层平台(含梯口梁)、小于300mm 宽梯井(圆弧楼梯500mm 直径梯井)，伸入墙内部分的体积已包括在定额内，不另计算。但楼梯基础、栏杆、扶手应另列项，套用相应定额计算。平台为预制板时，仍按整体现浇楼梯计算(含预制平台板)。

当梯井宽大于300mm时，按净水平投影面积×1.08计算。

当楼梯与楼层面相连接时，楼梯与楼层面以梯口梁内侧边沿为分界线(梯口梁包含在楼梯内)；当无梯口梁时，楼梯算至最上一层踏步边沿向楼层面内加300mm。

【例9.4】 计算如图9.11所示的现浇钢筋混凝土楼梯的混凝土工程量(平台梁宽300mm)。

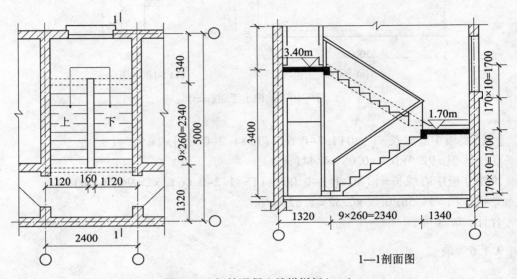

图9.11 钢筋混凝土楼梯栏板(mm)

【解】根据计算规则，现浇钢筋混凝土楼梯混凝土工程以图示水平投影面积计算，不扣除宽度小于300mm楼梯井。

楼梯模板工程量 = (2.4−0.24)×(2.34+1.34−0.12+0.3) = 8.34(m²)

楼梯混凝土工程量 = 8.34(m³)

9.1.8 其他

(1)栏板、扶手按延长米计算，包括伸入墙内部分。楼梯的栏板和扶手长度，如图集无规定时，按水平长度乘以1.15系数计算。

(2)台阶按水平投影面积计算，定额中不包括垫层及面层，应分别按相应定额执行。当台阶与平台连接时，其分界线应以最上层踏步外沿加300mm计算。平台按相应地面定额计算。架空式现浇室外台阶按整体楼梯计算。

(3)后浇墙带、后浇板带(包括主、次梁)混凝土按设计图纸，以立方米计算。

(4)依附于梁(包括阳台梁、圈梁、过梁)墙上的混凝土线条(包括弧形条)按延长米计算(梁宽算至线条内侧)。

(5)现浇池、槽按实际体积计算。

(6)当预制混凝土板需补缝时，板缝宽度(指下口宽度)在150mm以内者，不计算工程量；板缝宽度超过150mm者，按平板相应定额执行。

（7）组成飘窗的混凝土构件单独列项，有窗上部过梁、窗下部墙梁（套圈梁项目）、窗上下挑板（套挑檐项目）。

【例9.5】　某台阶平面如图9.12所示。试计算其砼工程量。

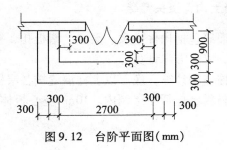

图9.12　台阶平面图（mm）

【解】台阶与平台相连，则台阶应算到最上一层踏步外沿加300mm。

台阶模板工程量＝台阶水平投影面积

$$= (2.7+0.3×4)×(0.9+0.3×2) - (2.7-0.3×2)×(0.9-0.3) = 4.59m^2$$

台阶砼工程量＝台阶水平投影面积＝4.59m²

9.2　预制砼构件制作、运输、安装

9.2.1　预制砼构件制作、运输、安装

（1）预制混凝土构件混凝土工程量除另有规定者外，均按图示尺寸实体积，以立方米计算，不扣除构件内钢筋、铁件及小于300mm×300mm以内孔洞的面积。预制混凝土构件和预制钢筋混凝土桩工程量还要考虑增加废品损耗（表9.3、表9.4）。

预制砼构件工程量＝图示实体积A×系数

表9.3　　　　　　　　　　　　　　　预制构件工程量系数表

项目名称	构件制作	构件运输、堆放	构件安装
A×系数	A×1.015	A×1.013	A×1.005

表9.4　　　　　　　　　　　　　　　预制桩工程量系数表

项目名称	桩制作	桩运输、堆放	打桩
A×系数	A×1.02	A×1.019	A×1.015

注：①预制方桩：A＝设计截面积×设计桩长（含桩尖）；
　　②预制管桩：A＝（外径截面积－空心截面积）×设计桩长。

预制桩按桩全长（包括桩尖）×桩断面，以立方米计算。

预制桩尖按虚体积（不扣除桩尖虚体积部分）计算。

（2）混凝土与钢杆件结合的构件，混凝土部分按构件实体积，以立方米计算；钢构件部分以吨计算，分别套用相应的定额项目。

（3）预制砼露花按外围面积×厚度，以立方米计算。不扣除孔洞的面积。

9.2.2 预制钢筋混凝土构件接头灌缝

钢筋混凝土构件接头灌缝包括构件坐浆、灌缝、堵板孔、塞板缝、塞梁缝等，均按预制钢筋混凝土构件实体积，以立方米计算。

柱与柱基灌缝按底层柱体积计算；底层以上柱灌缝按各层柱体积计算。

空心板堵孔的人工、材料已包括在定额内。10m³ 空心板体积包括 0.23m³ 预制混凝土块、2.2 个工日。

9.3 构筑物混凝土工程

构筑物混凝土工程量，除另有规定者外，均以图示尺寸扣除门窗洞口及 0.3m² 以外孔洞所占体积以实体积计算。

大型池槽等工程是分别按基础、墙、板、梁、柱等有关规定计算，并套用相应定额项目。

屋顶水箱工程量包括底、壁、现浇顶盖及支撑柱等全部现浇构件，预制构件另计；砖砌支座套用砌筑工程零星砌体定额；抹灰、刷浆、金属件制安等套用相应定额。

预制倒锥壳水塔水箱组装、提升、就位，按不同容积，以"座"计算。

水塔塔身示意图如图 9.13 所示。

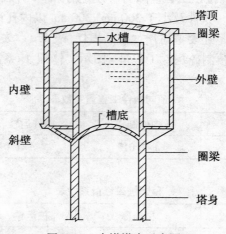

图 9.13 水塔塔身示意图

（1）筒身与槽底以槽底连接的圈梁底为界，以上为槽底，以下为筒身。

（2）筒式塔身及依附于筒身的过梁、雨篷、挑檐等并入筒身体积内计算；柱式塔身，柱、梁合并计算。

（3）塔顶及槽底：塔顶包括顶板和圈梁，槽底包括底板挑出的斜壁板和圈梁等，合并计算。

储水（油）池不分平底、锥底、坡底，均按池底计算；壁基梁、池壁不分圆形壁和矩形壁，均按池壁计算；其他项目均按现浇混凝土部分相应项目计算。

9.4　钢筋及预埋铁件

9.4.1　计算规则

（1）钢筋工程应区别现浇、预制构件不同钢种和规格，其工程量分别按设计长度（指钢筋中心线）乘以单位重量，以吨计算。

（2）计算钢筋工程量时，设计（含标准图集）已规定钢筋搭接长度的，按规定搭接长度计算；设计未规定搭接长度的，已包括在钢筋的损耗率之内，不另计算搭接长度。预制构件钢筋应增加废品损耗率。

（3）钢筋电渣压力焊、锥螺纹套筒、直螺纹套筒、冷压套筒连接均以接头个数计算。

（4）砌体加固钢筋按设计用量以吨计算。

（5）锚喷护壁钢筋、钢筋网按设计用量以吨计算。

（6）预制构件钢筋长度：

①低合金钢筋两端均采用螺杆锚具时，钢筋长度按孔道长度减 0.35m 计算，螺杆另行计算。

②低合金钢筋一端采用镦头插片、另一端采用螺杆锚具时，钢筋长度按孔道长度计算，螺杆另行计算。

③低合金钢筋一端采用镦头插片、另一端采用帮条锚具时，钢筋增加 0.15m 计算；两端均采用帮条锚具时，钢筋长度按孔道长度增加 0.3m 计算。

④低合金钢筋采用后张混凝土自锚时，钢筋长度按孔道长度增加 0.35m 计算。

⑤低合金钢筋（钢铰线）采用 JM、XM、QM 型锚具，孔道长度在 20m 以内时，钢筋长度增加 1m 计算；孔道长度在 20m 以外时，钢筋（钢铰线）长度按孔道长度增加 1.8m 计算。

⑥碳素钢丝采用锥形锚具、孔道长度在 20m 以内时，钢丝束长度按孔道长度增加 1m 计算；孔道长在 20m 以外时，钢丝束长度按孔道长度增加 1.8m 计算。

⑦碳素钢丝束采用镦头锚具时，钢丝束长度按孔道长度增加 0.35m 计算。

（7）混凝土构件预埋铁件工程量，按设计图纸尺寸，以吨计算，不扣除刨光、车丝、钻眼等重量。

9.4.2　计算方法

现浇构件钢筋工程量＝钢筋长度×钢筋每米重量

预制构件钢筋工程量＝钢筋设计中心线长度×钢筋每米重量×构件制作工程量系数

式中，钢筋每米重量（kg/m）＝ $0.006165×D^2$，D 为钢筋直径，计量单位为 mm。钢筋长度按钢筋中心线计算时，要考虑钢筋的弯钩增加长度（表 9.5、表 9.6）和弯曲调整值（量度差）问题（表 9.7、表 9.8）。

现浇构件钢筋长度计算与抗震等级、混凝土强度等级、钢筋直径（d）、钢筋级别、搭接形式、锚固要求、保护层厚度(h_c)等有关。钢筋的弯钩和弯折的规定及构造要求参见《混凝土结构工程施工规范》(GB 506666—2011)、平法系列图集(11G101)、钢筋排布图集(12G901)和《混凝土结构设计规范》(GB50010-2010)。

表9.5   纵向钢筋弯钩增加长度计算表

弯钩形式	$180°(D=2.5d)$	$135°(D=4d)$	$90°$
公 式	$1.071D+0.57d+L_p$	$0.678D+0.178d+L_p$	$0.285D-0.215d+L_p$
纵 筋	$6.25d$(HPB300 钢筋) ($Lp=3d$)	$7.9d$(机械锚固) ($Lp=5d$)	以量度差来处理更简单，此处暂不计算

表9.6   箍筋弯钩增加长度计算表

弯钩形式		$180°$ (弯弧内径 D)	$135°$ (弯弧内直径 D)			$90°$ (弯弧内直径 D)		
公 式		$1.071D+$ $0.57d+L_p$	$0.678D+0.178d+L_p$			$0.285D-0.215d+L_p$		
钢筋牌号		HPB300 级钢筋 $D=2.5d$	HPB300 级钢筋 $D=2.5d$	335MPa 级、 400MPa 级 钢筋 $D=5d$	500MPa 级钢筋 $D=6d$	HPB300 级钢筋 $D=2.5d$	335MPa 级 400MPa 级 钢筋 $D=5d$	500MPa 级钢筋 $D=6d$
箍 筋	特殊：非抗震砌体结构等砼构件	$8.25d$ ($L_p=5d$)	$6.9d$ ($L_p=5d$)	$8.6d$ ($L_p=5d$)	$9.2d$ ($L_p=5d$)	$5.5d$ ($L_p=5d$)	$6.2d$ ($L_p=5d$)	$6.5d$ ($L_p=5d$)
	抗震构件或非抗震的框架/剪力墙/框剪/基础等结构构件		抗震 $11.9d$ ($L_p=10d$) 非抗震 $6.9d$ ($L_p=5d$)	抗震 $13.6d$ ($L_p=10d$) 非抗震 $8.6d$ ($L_p=5d$)	抗震 $14.2d$ ($L_p=10d$) 非抗震 $9.2d$ ($L_p=5d$)			

表9.7   钢筋仅一次弯折弯曲调整值

钢筋弯曲角度		$30°$	$45°$	$60°$	$90°$
弯曲调整值公式		$0.006D+0.274d$	$0.022D+0.436d$	$0.054D+0.631d$	$0.215D+1.215d$
一般情况下	HPB300 级钢筋 $D=2.5d$	$0.3d$	$0.5d$	$0.8d$	$1.8d$
	335MPa、400MPa 钢筋 $D=5d$	$0.3d$	$0.5d$	$0.9d$	$2.3d$
	500MPa 级钢筋 $d<28$ 时，$D=6d$	$0.3d$	$0.6d$	$1.0d$	$2.5d$
	500MPa 级钢筋 $d \geqslant 28$ 时，$D=7d$	$0.3d$	$0.6d$	$1.0d$	$2.7d$
平法楼梯钢筋 $D=4d$		$0.3d$	$0.5d$	$0.9d$	$2.1d$

钢筋弯曲角度	30°	45°	60°	90°
弯曲调整值公式	$0.006D+0.274d$	$0.022D+0.436d$	$0.054D+0.631d$	$0.215D+1.215d$
平法梁柱 / 非框梁及楼层框架梁柱 $d\leq25$ 时，$D=8d$	$0.3d$	$0.6d$	$1.1d$	$2.9d$
非框梁及楼层框架梁柱 $d>25$ 或顶层框架梁柱 $d\leq25$ 时，$D=12d$	$0.3d$	$0.7d$	$1.3d$	$3.8d$
顶层节点 $d>25$，$D=16d$	$0.4d$	$0.8d$	$1.5d$	$4.7d$

表9.8　　　　钢筋弯折二次弯起30°、45°、60°的单个弯曲调整值

钢筋弯曲角度	30°	45°	60°
弯曲调整值公式	$0.006D+0.14d$	$0.022D+0.219d$	$0.054D+0.342d$
一般情况下 / HPB300 级钢筋 $D=2.5d$	$0.2d$	$0.3d$	$0.5d$
335MPa、400MPa 钢筋 $D=5d$	$0.2d$	$0.3d$	$0.6d$
500MPa 级钢筋 $d<28$ 时，$D=6d$	$0.2d$	$0.4d$	$0.7d$
500MPa 级钢筋 $d\geq28$ 时，$D=7d$	$0.2d$	$0.4d$	$0.7d$
平法梁柱 / 非框梁及楼层框架梁柱 $d\leq25$ 时，$D=8d$	$0.2d$	$0.4d$	$0.8d$
非框梁及楼层框架梁柱 $d>25$ 或顶层框架梁柱 $d\leq25$ 时，$D=12d$	$0.2d$	$0.5d$	$1.0d$
顶层节点 $d>25$ 时，$D=16d$	$0.2d$	$0.6d$	$1.2d$

9.4.3　纵向钢筋设计中心线长度

纵向钢筋是指沿构件长度（或高度）方向设置的钢筋，其设计中心线长度计算公式见表9.9、表9.10。

表9.9　　　　纵向钢筋长度计算表

钢筋种类	设计中心线长度（下料长度）
带弯钩直钢筋	构件长度-保护层厚度+弯钩增加长度
弯起钢筋	构件长度-保护层厚度-弯钩度量差值+弯起部分增加长度
弯折钢筋（或直角筋）	钢筋平直段外皮度量长+弯折长度-度量差值

表9.10   弯起钢筋弯起部分增加长度计算表

弯起角度 α	30°	45°	60°
增加长度 ΔL	$0.268h_0$	$0.414h_0$	$0.575h_0$

注：h_0＝弯起部分截面高度－2×保护层厚度。

【例9.6】 已知 KL1 平法配筋图如图9.14 所示，计算其纵向钢筋（HRB335）工程量（一类环境）。

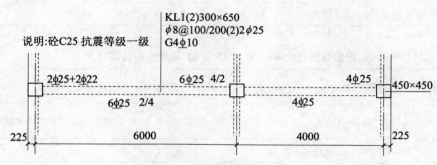

图9.14　某梁钢筋图（mm）

【解】将以上平法解读为截面法，如图9.15 所示。

查 11G101-1P54 知：一类环境中，梁柱混凝土保护层厚度 h_c 为 20mm。

查 11G101-1P53 知：一级抗震、HRB335 钢筋 $\phi \leqslant 25$mm、C25 砼时抗震锚固长度 $L_{aE}=38d$。

由图知：一跨净跨长 $L_{n1}=6000-450$（mm），二跨净跨长 $L_{n2}=4000-450$（mm）

由 11G101-1P79 知：端支座宽－保护层厚度＝450－20＝430<38d＝950（mm），端支座要弯锚。

端支座弯锚长度＝端支座宽－保护层厚度＋15d－量度差（2.9d）

中间支座直锚长度＝$L_{aE}=38d$

（1）筋：6ϕ25 底筋（长跨）。

单根长＝净跨长＋右锚固长度＋左锚固长度

$$=L_{n1}+L_{aE}+(h_c-20+15d-2.9d)$$

$$=(6000-450)+38\times25+(450-20+15\times25-2.9\times25)$$

$$=7232.5\text{mm}$$

小计长＝7.233×6＝43.398（m）

（2）筋：4ϕ25 底筋（短跨）。

单根长＝净跨长＋右锚固长度＋左锚固长度

$$=L_{n2}+(h_c-20+15d-2.9d)+L_{aE}$$

$$=(4000-450)+(450-20+15\times25-2.9\times25)+38\times25$$

$$=5232.5（\text{mm}）$$

小计长＝5.233×4＝20.932（m）

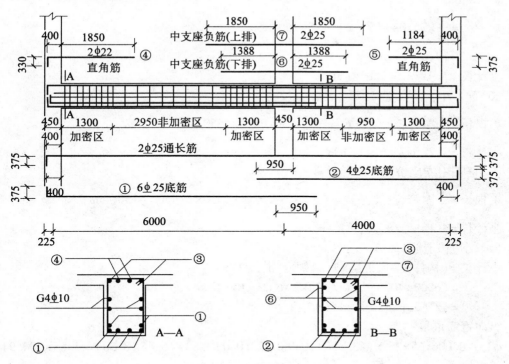

图9.15 某梁钢筋布置图(mm)

(3)筋：2φ25 通长筋。

单根长＝通跨净跨长+左端锚固长度+右端锚固长度

$$= (6000+4000-225 \times 2)+(h_c-20+15d-2.9d) \times 2$$

$$= 9550+(450-20+375-72.5) \times 2$$

$$= 11015(mm)$$

小计长＝11.015m×2＝22.030m

(4)筋：2φ22 端支座负筋。

单根长＝$\frac{1}{3}$净跨长+锚固长

$$= \frac{1}{3}L_{n1}+(h_c-20)+15d-2.9d$$

$$= \frac{1}{3} \times 5550+(450-20)+15 \times 22-2.9 \times 22$$

$$= 2546.2(mm)$$

小计长＝2.546×2＝5.092(m)

(5)筋：2φ25 端支座负筋。

单根长＝$\frac{1}{3}$净跨长+锚固长

$$= \frac{1}{3}L_{n2}+(h_c-20)+15d-2.9d$$

$$= \frac{1}{3} \times 3550 + (450 - 20) + 15 \times 25 - 2.9 \times 25$$

$$= 1916.5 (\text{mm})$$

小计长 $= 1.917 \times 2 = 3.834 (\text{m})$

(6)筋：中支座负筋 $2\phi25$（下排）。

单根长 $= \frac{1}{4}$ 净跨长 + 支座宽 $= \frac{1}{4} L_{n1} \times 2 + h_c = \frac{1}{4} \times 5550 \times 2 + 450 = 3225 (\text{mm})$

小计长 $= 3.225 \times 2 = 6.45 (\text{m})$

(7)筋：中支座负筋 $2\phi25$（上排）。

单根长 $= \frac{1}{3}$ 净跨长 + 支座宽 $= \frac{1}{3} L_{n1} \times 2 + h_c = \frac{1}{3} \times 5550 \times 2 + 450 = 4150 (\text{mm})$

小计长 $= 4.15 \times 2 = 8.30 (\text{m})$

(8)侧边构造筋 $G4\phi10$。

小计长 $= ($构件长 $-$ 保护层 $\times2 +$ 弯钩增加长 $\times2) \times 4$

$$= (6000 + 4000 + 225 \times 2 - 20 \times 2 + 6.25 \times 10 \times 2) \times 4$$

$$= 42140 (\text{mm}) = 42.14 (\text{m})$$

纵向钢筋重量：

$\phi25$：$0.006165 \times 25^2 \times (43.398 + 20.932 + 22.030 + 3.834 + 6.45 + 8.30) = 3.85 \times 104.944 = 404.034 (\text{kg})$

$\phi22$：$0.006165 \times 22^2 \times 5.092 = 2.984 \times 5.092 = 15.195 (\text{kg})$

$\phi10$：$0.006165 \times 10^2 \times 42.14 = 0.6165 \times 42.14 = 25.979 (\text{kg})$

合计：445.208kg。

9.4.4 箍筋

箍筋是钢筋混凝土构件中形成骨架、并与混凝土一起承担剪力的钢筋，在梁、柱构件中设置。其计算公式如下：

$$箍筋长度 = 单根箍筋长度 \times 箍筋根数$$

$$箍筋根数 = \frac{箍筋设置区域的长度}{箍筋设置间距} + 1$$

1. 单根箍筋长度计算

单根箍筋长度与箍筋的设置形式有关。下面以单肢为例，介绍箍筋长度的计算。双肢箍长度计算公式如下：

双肢箍长度 = 构件周长 $-8\times$ 混凝土保护层厚度 + 箍筋两个弯钩增加长度

$-3\times90°$ 弯折量度差值

箍筋弯折量度差值见表 9.11。

表9.11   箍筋 **90°弯折量度差值表**

钢筋牌号及弯弧内直径	HPB300 级钢筋 $D = 2.5d$	HRB335MPa、400MPa 钢筋 $D = 5d$	HRB500MPa 级钢筋 $D = 6d$
90°弯折量度差值	$1.8d$	$2.3d$	$2.5d$

（1）HPB300MPa 级光圆钢筋，135°弯钩，90°弯折，弯弧内直径为 $D=2.5d$。

双肢箍长度＝构件周长－8×混凝土保护层＋弯钩增加长度－90°弯折量度差值

　　　　　＝构件周长－8×保护层厚度＋11.9×2d－3×1.8d

　　　　　＝构件周长－8×保护层厚度＋18.4d

（2）HRB335MPa 级、400MPa 级带肋钢筋，135°弯钩，90°弯折，弯弧内直径为 $D=5d$。

双肢箍长度＝构件周长－8×混凝土保护层＋弯钩增加长度－90°弯折量度差值

　　　　　＝构件周长－8×保护层厚度＋13.6×2d－3×2.3d

　　　　　＝构件周长－8×保护层厚度＋20.3d

（3）HRB500MPa 级带肋钢筋，135°弯钩，90°弯折，弯弧内直径为 $D=6d$。

双肢箍长度＝构件周长－8×混凝土保护层＋弯钩增加长度－90°弯折量度差值

　　　　　＝构件周长－8×保护层厚度＋14.2×2d－3×2.5×d

　　　　　＝构件周长－8×保护层厚度＋20.9d

【例 9.7】　已知 KL1 平法配筋图如图 9.14 所示，计算其箍筋工程量（一类环境）。

【解】将以上平法解读为截面法，如图 9.15 所示。箍筋为 $\phi 8$。

加密区根数＝[（2×650－50）÷100＋1]×4＝14×4＝56（根）

非加密区根数＝[（5550－1300×2）÷200－1]＋[（3550－1300×2）÷200－1]

　　　　　　＝14＋4＝18（根）

小计长＝[（300＋650）×2－8×20－3×1.8×8＋2×11.9×8]×（56＋18）

　　　＝1887.2×74＝139652.8（mm）＝139.653（m）

箍筋重量＝139.653×0.006165×8^2＝55.10（kg）

2. 螺旋箍长度计算（图 9.16）

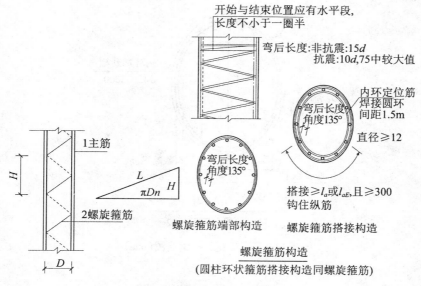

图 9.16　螺旋箍筋长度计算简图

$$螺旋箍长度=\sqrt{(螺距)^2+(\pi×螺旋直径)^2}×螺旋圈数+上下底两圆形筋+弯钩$$

$$螺旋直径=柱直径-保护层$$

$$螺旋圈数=\frac{柱高-保护层}{螺距}$$

【例9.8】 某工程所用人工挖孔桩,如图9.17所示,已知桩长为10m,砼保护层为50mm。试计算钢筋工程量。

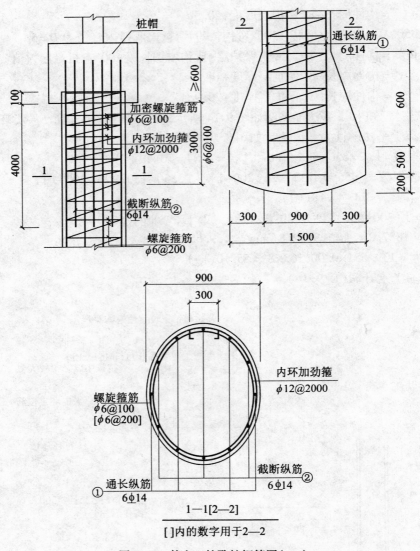

图9.17 某人工挖孔桩钢筋图(mm)

【解】(1)纵筋。

$\phi14$ 重量 $=[(10+0.6-0.1-0.05)×6+(4+0.1+0.6)×6]×1.209=109.90(kg)$

(2)加劲筋。

外包直径 = 0. 9-0. 05×2 = 0. 8(m)

$\phi12$ 重量 = $0.8\pi\times\left(\dfrac{10-0.05\times2}{2}+1\right)\times0.888 = 13.384(kg)$

(3)螺旋箍筋。

$\phi6.5$ 重量 = $\Big[\dfrac{10-3-0.05}{0.2}\times\sqrt{0.2^2+(0.9-0.05\times2)^2\pi^2}+\dfrac{3+0.1}{0.1}\times\sqrt{0.1^2+(0.9-0.05\times2)^2\pi^2}+$

$\qquad(0.9-0.05\times2)\times\pi\times1.5\times2+(1.9\times0.0065+0.075)\times2\Big]\times0.261$

$\qquad= [35\times2.52+31\times2.514+7.536+0.175]\times0.261$

$\qquad=45.374(kg)$

9.5　模　板

9.5.1　现浇混凝土及钢筋混凝土模板工程量

1. 一般规则

现浇混凝土及钢筋混凝土模板工程量，除另有规定者外，均应区别模板的不同材质，按混凝土与模板接触面的面积，以平方米计算。柱与梁、柱与墙、梁与梁等连接的重叠部分以及伸入墙内的梁头、板头部分，均不计算模板面积。

现浇钢筋混凝土墙、板上单孔面积在 0.3m² 以内的孔洞，不予扣除，洞侧壁模板亦不增加，但突出墙、板面的混凝土模板应相应增加；单孔面积在 0.3m² 以外时，应予扣除，洞侧壁模板并入墙、板模板工程量内计算。

基础、柱、梁、墙、板、挑檐、零星构件等的尺寸取定、构件定义，与砼和钢筋砼分部工程中的规定基本相同。

1)基础

(1)有肋式带形基础，肋高与肋宽之比在 4：1 以内的，按有肋式带形基础计算；肋高与肋宽之比超过 4：1 的，其底板按板式带形基础计算，以上部分按墙计算。

(2)整板基础、带形基础的反梁、基础梁或地下室墙侧面的模板用砖侧模时，可按砖基础计算，同时不计算相应面积的模板费用。砖侧模需要粉刷时，可另行计算。

(3)箱式满堂基础应分别按满堂基础、柱、墙、梁、板有关规定计算。

(4)设备基础除块体外，其他类型设备基础分别按基础、梁、柱、板、墙等有关规定计算。

(5)基础侧边弧形增加费按弧形接触面长度计算，每个面计算一道。

(6)设备基础螺栓套留孔，分别按不同深度，以"个"计算。

(7)带形桩承台按带形基础模板计算。

2)柱

(1)单面附墙柱并入墙内计算，双面附墙柱按柱计算。

(2)杯形基础的颈高大于 1.2m 时(基础扩大顶面至杯口底面)，按柱定额执行，其杯口部分和基础合并，按杯形基础计算。

(3)构造柱均按图示外露部分计算模板面积。留马牙槎的,按最宽面计算模板宽度。构造柱与墙接触面不计算模板面积。

3)梁

(1)高度大于700mm的深梁模板的固定,根据施工组织设计采用对拉螺栓时,可按实计算。

(2)现浇挑梁的悬挑部分,按单梁计算,嵌入墙身部分分别按圈梁、过梁计算。

4)板

(1)平板与圈梁、过梁连接时,板算至梁的侧面。

(2)预制板缝宽度在60mm以上时,按现浇平板计算;60mm宽以下的板缝已在接头灌缝的子目内考虑,不再列项计算。

(3)梁中间距小于等于1m或井字(梁中)面积小于等于5m^2时,套用密肋板、井字板定额,如图9.18所示。

(4)弧形板并入板内计算,另按弧长计算弧形板增加费。梁板结构的弧形板弧长工程量应包括梁板交接部位的弧线长度。

5)墙

(1)墙与梁重叠,当墙厚等于梁宽时,墙与梁合并,按墙计算;当墙厚小于梁宽时,墙、梁分别计算。

(2)墙与板相交时,墙高算至板的底面。

(3)墙净长小于或等于4倍墙厚时,按柱计算;墙净长大于4倍墙厚,而小于或等于7倍墙厚时,按短肢剪力墙计算。

(4)钢筋混凝土墙模板的固定,根据施工组织设计采用对拉螺栓时,可按实计算。

图9.18 密肋板示意图

(5)挡土墙、地下室墙是直形的,按直形墙计;是圆弧形的,按圆弧墙计;既有直形又有圆弧形的,应分别计算。

【例9.9】 计算图9.19所示"L"形墙的模板,墙高为3m。

【解】(1)图9.19(a)所示墙净长=500+300=800(mm),800/200=4,按柱模板计算。

模板面积=0.5×4×3=6(m^2)

(2)图9.19(b)所示墙净长=600+300=900(mm),900/200=4.5,按短肢剪力墙模板计算。

模板面积=(0.6+0.5)×2×3=6.6(m^2)

(3)图9.19(c)所示墙净长=900+600=1500(mm),1500/200=7.5,按直形墙模板计算。

模板面积=(0.9+0.8)×2×3=10.2(m^2)

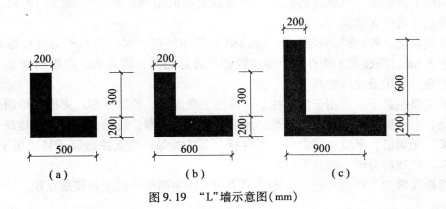

图 9.19　"L"墙示意图(mm)

2. 特殊规则

(1)现浇钢筋混凝土阳台、雨篷模板，按图示外挑部分尺寸的水平投影面积计算。挑出墙外的悬臂梁及板边模板不另计算。雨篷翻边突出板面高度在 200mm 以内时，按翻边的外边线长度×突出板面高度，并入雨篷内计算；雨篷翻边突出板面高度在 600mm 以内时，翻边按天沟计算；雨篷翻边突出板面高度在 1200mm 以内时，翻边按栏板计算；雨篷翻边突出板面高度超过 1200mm 时，翻边按墙计算。

带反梁的雨篷按有梁板定额子目计算，板带上的凹阳台，同现浇板带一起现浇，按有梁板定额子目计算。与有梁板一起浇捣的阳台，雨篷并入有梁板子目。

(2)楼梯模板(包括楼梯间两端的休息平台、梯井斜梁、楼梯板及支承梁及斜梁的梯口梁或平台梁)以图示露明面尺寸的水平投影面积计算。不扣除宽度小于 300mm 的楼梯井，楼梯的踏步、踏步板、平台梁等侧面模板不另计算；当梯井宽度大于 300mm 时，应扣除梯井面积，以图示露明面尺寸的水平投影面积×1.08 系数计算。圆弧形楼梯按图示露明面尺寸的水平投影面积计算，不扣除小于 500mm 直径的梯井。

(3)混凝土台阶模板，按图示台阶尺寸的水平投影面积计算，平台沿口按 300mm 宽计入，台阶端头两侧不另计算模板面积。架空式混凝土台阶模板，按现浇楼梯计算。

(4)现浇混凝土明沟模板以接触面积按电缆沟子目计算；现浇混凝土散水模板按散水坡实际面积，以平方米计算。

(5)混凝土扶手模板按延长米计算。

(6)小立柱(指周长在 48cm 内、高度在 1.50m 内的现浇独立柱)、二次浇灌模板按零星构件，以实际接触面积计算。

(7)后浇带模板及支撑超高增加费，按延长米计算(不含整板基础)。

3. 支撑超高增加费

现浇钢筋混凝土柱、梁(不包括圈梁、过梁)、板、墙、支架、栈桥的支模高度(即室外设计地坪或板面至上一层板底之间的高度)以 3.6m 以内为准，高度超过 3.6m 以上部分，另按超高部分的总接触面积×超高米数(含不足 1m)计算支撑超高增加费工程量，套用相应构件每增加 1m 子目。

无地下室时，底层独立柱的支模高度取定为：当基础上表面至室外地坪的高度≤1m

时，为基础上表面至二层板底的高度；当基础上表面至室外地坪的高度>1m时，为室外设计地坪至二层板底的高度。

计算独立梁、板(含阳台板、雨篷板)等水平构件超高时，若水平构件底板最大支撑高度大于3.6m，则按水平构件的全部接触面积计算超高，阳台板、雨篷板按水平投影面积计算超高，套用板支撑超高子目。

柱模支撑超高子目适用于矩形柱、异形柱、圆形柱、构造柱等；梁模支撑超高子目适用于单梁、连续梁、拱形梁、弧形梁、异形梁，不适用圈、过梁；板模支撑超高子目适用于有梁板、无梁板、平板、拱形板、阳台板、雨篷板等；墙支撑超高子目适用于直形墙、电梯井壁、短肢剪力墙、圆弧形墙等。

支撑超高增加工程量=超高米数(含不足1m)×超高部分的模板接触面积

9.5.2 预制钢筋混凝土构件模板工程量

(1)预制钢筋混凝土模板工程量，除另有规定外，均按预制砼构件制作工程量计算规则，以立方米计算。

(2)小型池槽按外型体积，以立方米计算。

(3)钢筋混凝土构件灌缝模板工程量同构件灌缝工程量，以立方米计算。

9.5.3 构筑物钢筋混凝土模板工程量

(1)烟囱、预制倒圆锥形水塔的水箱、水塔、储水(油)池的模板工程量，按混凝土构筑物工程量计算规则分别计算。

(2)现浇大型池槽模板等，分别按基础、墙、板、梁、柱以接触面积计算，套用相应定额子目。

(3)储仓底板模板套用储水(油)池底板子目。

(4)栈桥

①柱、连系梁(包括斜梁)接触面积合并，肋梁与板的面积合并，均按图示尺寸以接触面积计算。

②栈桥斜桥部分，不论板顶高度如何，均按板高在12m内子目执行。

③板顶高度超过20m时，每增加2m仅指柱、连系梁(不包括有梁板)。

(5)检查井、化粪池分解成底、壁、顶三部分，分别计算其砼体积，套用对应子目。

本单元小结

1. 混凝土工程量的计算，除另有规定外，均按图示尺寸，以立方米计算，应注意预制构件的混凝土计算应增加构件废品率，废品率以当地定额规定为准。

2. 钢筋工程量的计算，按理论重量，以吨计算，重点解决不同形状下的钢筋长度的计算，应明确有关混凝土保护层厚度、弯钩长度、弯起钢筋增加长度、箍筋长度的计算等规定。

3. 模板工程量的计算，现浇砼构件一般是按模板与混凝土的接触面积计算；预制构件一般是按混凝土构件的实体积，以立方米计算，另有规定者除外。

习　题

1. 根据图 9.20、图 9.21 计算基础混凝土、模板、钢筋工程量。混凝土强度等级 C30。

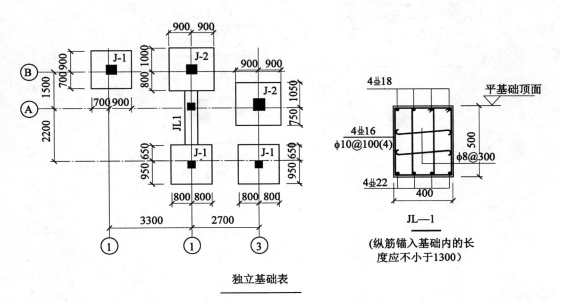

独立基础表

基础编号	基础类型	平面尺寸			基础高度			基础底板配筋	
		$B×L$	B_1	L_1	h_1	h_1	h	①	②
J-1	I	1600×1600					500	⸸12@150	⸸12@150
J-2	I	1800×1800					500	⸸12@150	⸸12@150

图 9.20　基础平面图、基础梁大样图、基础表(mm)

2. 根据图 9.22 计算屋面框架梁、板的混凝土、模板、钢筋工程量。已知：三级抗震，混凝土强度等级 C25，柱截面尺寸为 600mm×500mm，屋面板厚 100mm，板双向底筋 $\phi10@150$mm，负筋 $\phi8@200$mm，温度筋 $\phi6@200$mm。

3. 根据下列数据计算构造柱混凝土及模板工程量。

90 度转角型：墙厚 240mm，柱高 12.0m;

T 形接头：墙厚 240mm，柱高 15.0m;

十字形接头：墙厚 365mm，柱高 18.0m;

一字形接头：墙厚 240mm，柱高 9.5m。

4. 根据图 9.23 计算混凝土散水的工程量。

5. 如图 9.24 所示为一抗震柱的钢筋套箍，箍用直径 $\phi6$ 的 HPB300 圆钢制作，求单个箍筋计算长度。

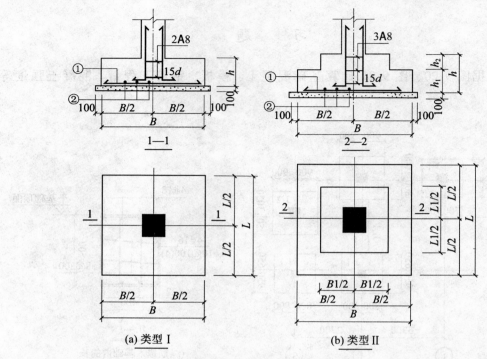

图 9.21　独立基础大样图(mm)

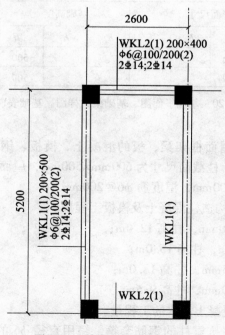

图 9.22　某屋面框架梁布置图

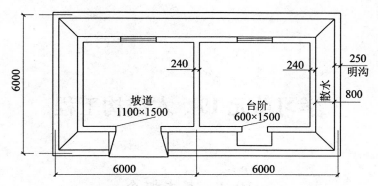

图 9.23   某建筑散水平面图(mm)

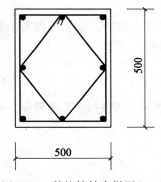

图 9.24   某柱箍筋大样图(mm)

学习单元 10　木结构工程

10.1　基本概念

10.1.1　木屋架

木屋架是指全部杆件均用木材的屋架，或上下弦及斜腹杆用木材、竖腹杆用圆钢制作的屋架。包括圆木屋架和方木屋架。

10.1.2　钢木屋架

钢木屋架是指下弦及竖向腹杆用钢材制作的屋架。包括圆木钢木屋架和方木钢木屋架。

10.1.3　挑檐木

屋架下弦杆两端附有挑檐木，也叫附木，长度随檐口挑出尺寸而定。

10.1.4　木屋架的支撑系统

（1）水平支撑：指下弦与下弦用杆件连在一起，可在一定范围内，在屋架的上弦和下弦、纵向或横向连续布置。

（2）垂直支撑：指上弦与下弦用杆件连在一起，可在屋架中部连续设置，或每隔一个屋架间节设置一道剪刀撑。

10.1.5　屋面木基层

屋面木基层是指坡屋面防水层（瓦）的基层，用以固定和承受防水材料。它由一系列木构件组成，故称木基层。包括屋面板（望板）、椽板、油毡、挂瓦条、顺水条。檩条单独列项计算。如图10.1所示。

10.1.6　封檐板

封檐板是指钉在前后檐口的木板，如图10.2所示。

10.1.7　博风板

博风板是指山墙部分与封檐板连接成人字形的木板，如图10.3所示。

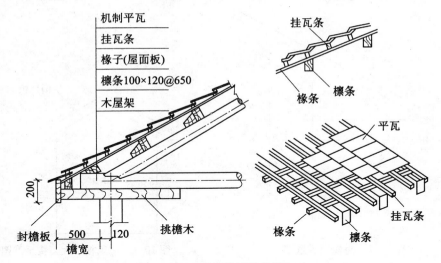

图 10.1　屋面木基层示意图（一）

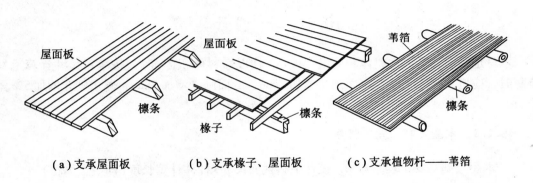

（a）支承屋面板　　　（b）支承椽子、屋面板　　　（c）支承植物杆——苇箔

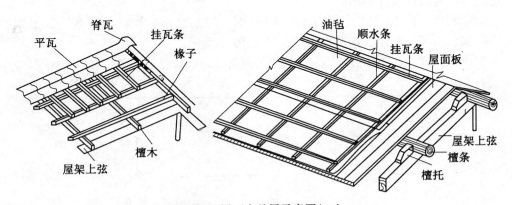

图 10.1　屋面木基层示意图（二）

10.1.8　大刀头

大刀头又叫勾头板，是指博风板两端的刀形板，如图 10.3 所示。

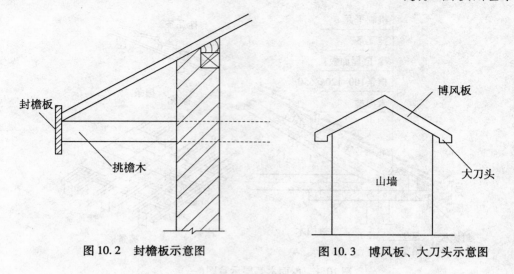

图 10.2 封檐板示意图   图 10.3 博风板、大刀头示意图

10.2 工程量计算

木材定额消耗量以毛料体积为准（木梁、柱以净料体积为准），按净料尺寸计算毛料体积时，应增加刨光损耗：一面刨光增加3mm，二面刨光增加5mm，圆木刨光增加5%体积。

10.2.1 木屋架制、安工程量

木屋架制、安工程量 = $\sum$ 设计毛料截面尺寸×杆件计算长度（即竣工体积）

定额内已含后备长度和损耗。

（1）应增加：与屋架相连的挑檐木、支撑（圆木屋架时，方木乘1.70折合圆木体积）、气楼小屋架、马尾、折角、正交半屋架，如图10.4所示。

竣工木料：屋架+挑檐木+支撑+各类附属屋架。

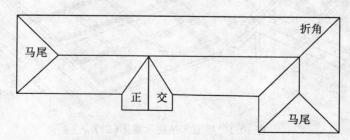

图 10.4 马尾、折角、正交示意图

（2）不计算：夹板、垫木、钢杆、铁件、螺栓。

（3）杆件计算长度 = 半跨长 A×系数，见表10.1、图10.5。

表 10.1 屋架杆件系数表

俗名(坡度)	角度	上弦杆 C①	高度 B②	③	④
4 分水	21°48′	1.077	0.40	0.538	0.20
5 分水	26°34′	1.118	0.50	0.56	0.25
6 分水	30°58′	1.166	0.60	0.583	0.30

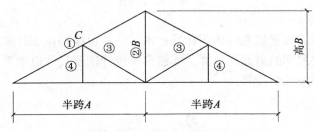

图 10.5　屋架杆件计算系数示意图

【例 10.1】　已知一圆木屋架跨度 10m,上弦、下弦、竖杆、斜杆合计木料体积(刨光净料)为 0.458m³,屋架两端各有一挑檐木,净料规格为 150mm×150mm×900mm。试计算该木屋架工程量及直接工程费。

【解】圆木屋架上弦、下弦、竖杆、斜杆毛料体积:0.458×1.05＝0.481(m³)

挑檐木方木折合圆木毛料体积:(0.15+0.005)×(0.15+0.005)×0.9×2×1.7＝0.074(m³)

木屋架工程量:0.481+0.074＝0.555(m³)

A-87 圆木屋架 10m 内工程费:3166.15×0.555＝1757.21(元)

10.2.2　檩木

檩木按毛料尺寸体积,以立方米计算,简支檩长度按设计规定计算。如设计无规定者,按屋架或山墙中距增加 200mm;如两端出山墙,檩条长度算至博风板;连续檩条的长度按设计长度计算,其接头长度按全部连续檩木总体积的 5% 计算。檩条托木已计入相应的檩木制作安装项目中,不另计算。单独的方木挑檐(适用山墙承重方案),按矩形檩木计算。

10.2.3　屋面木基层

椽子、挂瓦条、檩木上钉屋面板等木基层,均按屋面的斜面积计算。天窗挑檐重叠部分按设计规定计算,屋面烟囱及斜沟部分所占面积不扣除。

10.2.4　木结构

木柱、木梁均按设计断面净料以体积计算。

木楼梯按设计图示尺寸,以水平投影面积计算。不扣除宽度小于 300mm 的楼梯井,伸入墙内部分不计算。

10.2.5 其他构件

封檐板按图示檐口外围长度计算，博风板按斜长度计算，每个大刀头增加长度500mm。

其他木构件按设计图示尺寸以体积或长度计算。

本单元小结

木屋架、木檩木工程量以毛料体积计算；木梁、柱以净料体积计算。

屋面木基层均按屋面的斜面积计算，木楼梯按设计图示尺寸以水平投影面积计算。

封檐板、博风板按长度计算。

习 题

某工程设计有方木钢屋架一榀，如图10.6所示，各部分尺寸如下：下弦 $L=9000$mm，$A=450$mm，断面尺寸为 250mm×250mm；上弦轴线长5148mm，断面尺寸为 200mm×200mm；斜杆轴线长2516mm，断面尺寸为 100mm×120mm；垫木尺寸为350mm×100mm×100mm；挑檐木长600mm，断面尺寸为 200mm×250mm。试计算该方木钢屋架工程量。

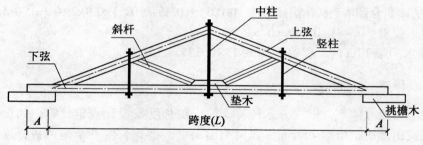

图10.6 方木钢屋架

学习单元 11　钢结构工程

钢结构是从承重骨架的材料角度定义的，即指结构体系中主要受力构件由钢板、热轧型钢、冷加工成型的薄壁型钢以及钢索等经过加工，制作成各种基本构件，如梁、桁架、柱、板等构件，然后将这些各种基本构件之间按一定的连接方式(焊缝连接、螺栓连接或铆钉连接，有些钢结构还部分采用钢丝绳或钢丝束连接)连接组成。

钢结构主要应用于大跨结构、重型厂房结构、承受动力荷载及强大地震作用的结构、高层建筑、高耸结构、容器和其他构筑物(如海上采油平台钢结构等)、可拆卸、活动结构、轻型钢结构、钢-混凝土组合结构等。

工程中，根据结构形式不同，钢结构可划分成多种类型，如门式刚架结构、框架结构、网架结构、钢管结构、索膜结构、钢平台等。

11.1　金属结构构件制作

11.1.1　一般规则

金属结构制作，按图示钢材尺寸，以吨计算，不扣除孔眼、切边的重量。焊条、铆钉、螺栓等重量，已包括在定额内，不另计算。在计算不规则或多边形钢板重量时，均以其最大对角线×最大宽度的矩形面积计算。不规则或多边形钢板按矩形计算，如图 11.1 所示，即 $S=A\times B$。

多边形钢板重量=最大对角线长度×最大宽度×面密度(kg/m^2)

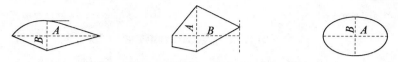

图 11.1　不规则或多边形钢板按矩形计算示意图

11.1.2　钢柱

钢柱制作工程量包括依附于柱上的牛腿及悬臂梁和柱脚连接板的重量。

钢柱是指用型钢钢材经切割、钻孔、拼装、焊接而成的立柱。依其拼装形式，可分为实腹钢柱、空腹钢柱、管形钢柱等。

实腹钢柱是指钢柱截面的中心腹部为钢连接构件所焊接而成的立柱，如图 11.2 所示，图(a)为直接用工字钢(也可用钢板焊接成工字形)所做成的钢柱，多用做平台柱和墙架柱；图(b)为用钢板焊接两根槽钢而成，常用做厂房等截面柱；图(c)为用钢板焊接两根工字钢而成的钢柱，多用做阶形柱。

空腹钢柱是指钢柱截面的中心腹部为空洞形，如图 11.3 所示，图(a)为用钢板焊接两根槽钢而成的钢柱，常用做无吊车或起重量较小的厂房柱；图(b)为用钢板焊接两根工字钢而成的钢柱，一般用于起重量小于 50t 的厂房柱；图(c)为全用厚钢板焊接而成的钢柱，多用于起重量大于 50t 的厂房柱。

管形钢柱分为钢管柱和钢管混凝土柱。钢管柱可用钢板卷焊或采用无缝钢管制作而成，钢管混凝土柱是在钢管内灌注混凝土而成。

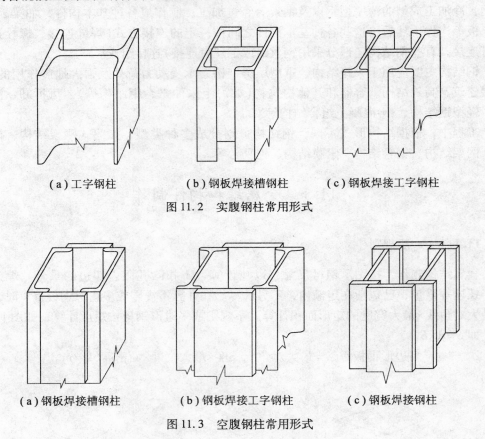

（a）工字钢柱　　　　　　（b）钢板焊接槽钢柱　　　　　（c）钢板焊接工字钢柱

图 11.2　实腹钢柱常用形式

（a）钢板焊接槽钢柱　　　　　（b）钢板焊接工字钢柱　　　　　（c）钢板焊接钢柱

图 11.3　空腹钢柱常用形式

【例 11.1】　设某厂房钢柱如图 11.4 所示，共 8 根。计算其制作工程量。

【解】 柱身：12m×2.03kg/m×8 根＝4034.88kg

顶板：(0.25×0.118×0.008)×7850kg/m³×8 块＝14.82kg

底板：(0.65×0.52×0.01)×7850kg/m³×8 块＝212.26kg

加强板：(0.22×0.2×0.01)×7850kg/m³×16 块＝55.26kg

肋板：(0.15×0.2×0.01)×7850kg/m³×32 块＝75.36kg

所以，钢柱工程量为 4034.88＋14.82＋212.26＋55.26＋75.36＝4392.58(kg)＝4.39(t)。

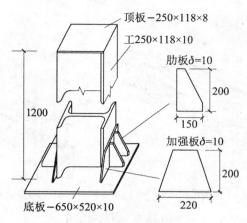

图 11.4　某钢柱(mm)

11.1.3　吊车梁、制动梁、吊车轨道

制动梁的制作工程量包括制动梁、制动桁架、制动板重量。轨道制作工程量只计算轨道本身重量，不包括轨道垫板、压板、斜垫、拉钩、夹板及连接角钢等附件的重量。

1. 钢吊车梁

钢吊车梁是用型钢钢材制作，承托车间行走吊车的钢梁，依其截面形式，可分为型钢梁、组合工形梁、箱形梁、撑杆式梁、桁架式梁等，如图 11.5 所示。一般吊车梁是安装在厂房的边(中)柱上，然后吊车横跨厂房，将轮子落脚两边对称的吊车梁轨道上进行滑行。

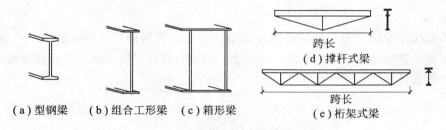

图 11.5　常用吊车梁截面形式

2. 单轨吊车梁

单轨吊车梁是悬挂在屋架杆或屋架梁上，一般不需柱。单轨吊车梁常采用普通轧制工字钢制作，起吊质量在 5t 以下。

3. 制动梁

制动梁当吊车在行驶中和行走小车制动时，会产生横向水平力而使吊车梁产生侧向弯曲，制动梁就是安置在吊车梁侧边抵抗侧向弯曲的辅助梁，如图 11.6 所示。

一般吊车梁的跨度超过 12m 或吊车为重级工作制时，均应设置制动结构。制动梁分为桁架式和板式，跨度较大时采用桁架式制动梁，跨度较小时一般采用制动板。

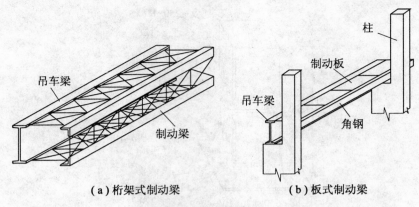

（a）桁架式制动梁　　　　　　（b）板式制动梁

图 11.6　钢制动梁

4. 钢吊车轨道

钢吊车轨道是供吊车滑行的铁轨，常用的轨道分为铁路钢轨（重轨）、专用吊车钢轨、方钢轨三类，如图 11.7 所示。

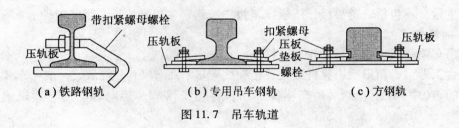

（a）铁路钢轨　　　　　（b）专用吊车钢轨　　　　　（c）方钢轨

图 11.7　吊车轨道

5. 车挡

为了操作吊车行驶安全，一般应在每条轨道端头设置阻挡构件，即车挡，如图 11.8 所示。车挡设置在吊车轨道端头的吊车梁上，用钢板制作焊接而成。其工程量按不同尺寸车挡的钢板量计算。

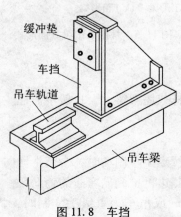

图 11.8　车挡

11.1.4 墙架

墙架的制作工程量包括墙架柱、墙架梁及连接柱杆重量。

钢墙架是指用于热车间或高跨厂房，为了减轻墙体自重和满足车间工艺要求，采取将墙体部分制作成钢骨架，在骨架上安装薄型板材（如瓦楞铁或石棉瓦类）而成的墙体。钢墙架分为厂房端部墙架和纵向墙架。钢墙架由横梁、柱、镶边构件、拉条和抗风桁架等组成，如图 11.9 所示。钢墙架用工字钢、槽钢、角钢等各种型钢制作而成。

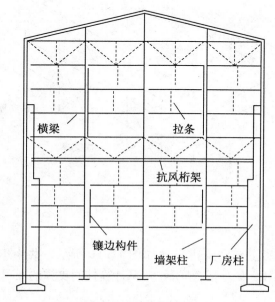

图 11.9 端头钢墙架

11.1.5 铁栏杆

铁栏杆制作，仅适用于工业厂房中平台、操作台的钢栏杆。民用建筑中铁栏杆按其他章节有关项目计算。

11.1.6 钢漏斗

钢漏斗的制作工程量，矩形按图示分片，圆形按图示展开尺寸，并以钢板宽度分段计算，每段均以其上口长度（圆形以分段展开上口长度）与钢板宽度，按矩形计算，依附漏斗的型钢并入漏斗重量内计算。

11.1.7 钢支撑

钢支撑是指钢柱之间或钢屋架之间的钢支撑，它们主要是为加强房屋的整体刚度而设置的联系构件，一般采用角钢制作而成，如图 11.10 所示。

柱间支撑分为上柱支撑和下柱支撑，上柱支撑在吊车梁以上，支持截面较小；下柱支撑在吊车以下，支撑截面较大。

屋架支撑分为上弦平面支撑、下弦平面支撑、屋架之间垂直交叉支撑、天窗上掷面支撑、天窗侧面垂直交叉支撑等。十字支撑是指包括屋架之间垂直交叉和天窗侧面垂直交叉等的钢支撑。平面组合支撑是指包括上弦平面内和下弦平面内的钢支撑。

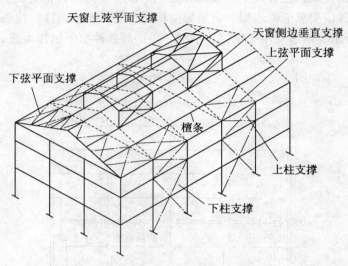

图 11.10　柱间及屋架间支撑

【例 11.2】　某厂房上柱间支撑尺寸如图 11.11 所示，共 4 组，L63×6 的线密度为 5.72kg/m，−8 钢板的面密度为 62.8kg/m²。试计算柱间支撑的工程量。

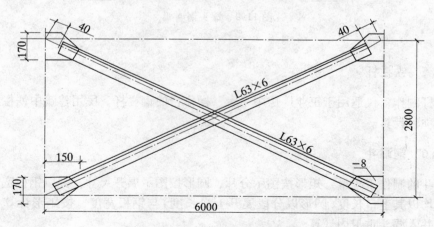

图 11.11　上柱间支撑示意图(mm)

【解】柱间支撑的工程量计算如下：

计算公式：　　　杆件质量=杆件设计图示长度×单位理论质量

多边形钢板质量=最大对角线长度×最大宽度×面密度

角钢 L63×6 角钢质量：$(62+2.82)1/2-0.04×2)×5.72×2=74.83(kg)$

-8 钢板质量：0.17×0.15×62.8×4＝6.41（kg）

柱间支撑工程量：（74.83＋6.41）×4＝324.96（kg）≈0.325（t）

11.1.8　H型钢

H型钢是最近几年所生产的一种新型型钢，其外形与工字钢相似，如图11.12所示。从外观形式看，其与普通工字钢的区别有三点，（1）工字钢翼缘板的外、里两个面不平行，靠腹板处的翼缘板较厚，翼缘板的两个边端较薄；而H型钢的翼缘板外、里面是平行的，板厚均匀一致；（2）工字钢翼缘板的边角为弧形，而H型钢翼缘板的边角是直角形；（3）H型钢翼缘板的宽度较相近型号工字钢的翼缘板宽度要宽，它受力强度、抗弯、抗扭性能都较工字钢好，故广泛用于钢柱、钢梁等构件中。其工程量计算与工字钢相同。

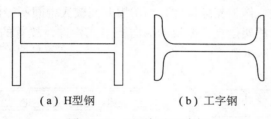

（a）H型钢　　　　　（b）工字钢

图11.12　H型钢和工字钢

11.1.9　钢屋架、钢托架

1. 钢屋架

钢屋架分为轻钢屋架、薄壁型钢屋架和钢屋架。钢托架分为钢托架和托架梁。

轻钢屋架：采用圆钢筋、小角钢（小于L45×4等肢角钢、小于L56×36×4不等肢角钢）和薄钢板（其厚度一般不大于4mm）等材料组成的轻型钢屋架。其特点是上下弦杆采用角钢，腹杆采用圆钢，杆件之间一般直接相互焊接，不用或少用接点钢板。

薄壁型钢屋架：厚度在2～6mm的钢板或带钢经冷弯或冷拔等方式弯曲而成的型钢组成的屋架。

钢屋架即普通钢屋架，它是指除轻钢屋架和薄壁型钢屋架之外的所有钢屋架。

【例11.3】　某榀钢屋架如图11.13所示，计算其制作工程量。

【解】首先分析该屋架是属轻钢屋架还是普通钢屋架。根据屋架上弦和下弦所用角钢均为大45mm×4mm等边角钢，因此应属普通钢屋架。

①上弦：7.49m×6.406kg/m×2根×2边＝191.92kg

下弦：13.9m×3.446kg/m×2根＝95.80kg

直腹杆：（2.81＋1.41）m×2.163kg/m×2根×2边＝36.51kg

斜腹杆：（2.65＋2.5＋1.56）m×1.786kg/m×2根×2边＝47.94kg

②板：（0.21×0.48＋0.16×0.24）×0.006×2块×7850kg/m＝13.11kg

④、⑤、⑥、⑦板：（0.14×0.14＋0.115×0.155＋0.115×0.15＋0.16×0.24＋0.14×0.2）×0.006×2块×2边×7850kg/m＝22.81（kg）。

所以，该榀屋架工程量为191.92＋95.80＋36.51＋47.94＋13.11＋22.81＝408.09（kg）。

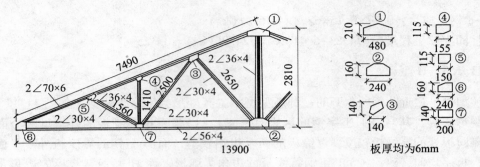

图 11.13　某钢屋架

2. 钢托架

屋架一般都是由立柱作为支撑构件，当房屋开间较大中间不能设柱时，就采用托架来架的支撑构件，因此，托架是支撑屋架的横向桁架式构件，故有的将实腹式托架称为梁，简称托梁，如图 11.14 所示。

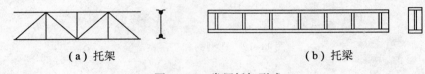

（a）托架　　　　　　　　　　　　　（b）托梁

图 11.14　常用托架形式

11.1.10　钢平台

钢平台(图 11.15)根据使用荷载不同，可分为一般平台、普通操作平台、重型操作平台，其中，一般平台是指荷载在 $200kg/m^2$ 以下的平台，如人行走道平台、单轨吊车检修平台等。一般用三脚架、支承托等直接支撑在厂房及其他结构上。普通操作平台是指荷载在 $400 \sim 800kg/m^2$ 的平台，如一般设备检修平台、堆料操作平台等。多用型钢做主梁、小梁来承托铺板。重型操作平台是指荷载在 $1000kg/m^2$ 以上的平台，如高炉炉顶平台、炼钢车间操作平台、铸锭平台等。平台结构通常由铺板、主次梁、柱、柱间支撑，以及梯子、栏杆等组成。对受有较大动力荷载或有重量很大设备的平台，宜与厂房柱脱开设计，直接支承于独立柱上。

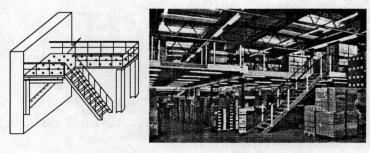

图 11.15　钢平台示意图

11.2　金属结构构件运输与安装

(1)金属结构运输及安装工程量同金属结构制作工程量。

(2)金属结构构件运输分类见表 11.1。

表 11.1　　　　　　　　　　　　金属结构构件分类表

类别	项　目
1	钢柱、钢屋架、钢梁、钢轨、托架梁、钢桁架
2	钢吊车梁、型钢檩条、钢支撑、上下挡、钢拉杆栏杆、盖板、垃圾出灰门、倒灰门、篦子、爬梯、零星构件平台、操作台、走道休息台、扶梯(包括爬式)、钢吊车梯台、烟囱紧固箍
3	墙架、挡风架、天窗架、组合檩条、轻型屋架、钢煤斗、网架、滚动支架、悬挂支架、管道支架、车挡、钢门、钢窗及其他零星构件

(3)钢构件安装定额不包括安装后需焊接的无损检测费,无损检测费用按照安装定额中相关子目计取。

(4)钢构件安装过程中的安全围护和特殊措施费用发生时,另行计算。

(5)构件的制作过程中,均已包括了一遍防锈漆及工厂内构件拼装中所需螺栓的工料(H 型钢制作项目除外)。

(6)整体预装配用的螺栓/锚固杆件包括在定额内,不另计算,但安装所需的螺栓(安设永久螺栓、高强螺栓)定额不包括,应另行计算。

(7)柱、屋架、天窗架如需拼装,另按拼装定额计算。

(8)铝合金门窗运输按三类构件、铝合金窗按 $25kg/m^2$、带纱铝合金窗按 $28.25/m^2$、铝合金门按 $32.25kg/m^2$、带纱铝合金门按 $35.25kg/m^2$ 折算工程量,以吨计算。

本单元小结

每种金属结构构件一般要考虑构件制作、运输、安装三个项目。金属结构制作,按图示钢材尺寸(外接矩形)以吨计算,焊条、铆钉、螺栓等重量不另计算,金属结构运输及安装工程量同金属结构制作工程量。

习　题

1. 根据图 11.16 所示尺寸,计算柱间支撑的制作工程量。

2. 某金属构件如图 11.17 所示,底边长 1520mm,顶边长 1360mm,另一边长 800mm,底边垂直最大宽度为 840mm,厚度为 10mm。求该钢板工程量。

3. 图 11.18 所示为某单层工业厂房门式钢架结构图,请计算一榀钢架 H 钢的制作工程量(不计算梁柱加劲肋、节点板、檩托、墙架和预埋板的工程量)。

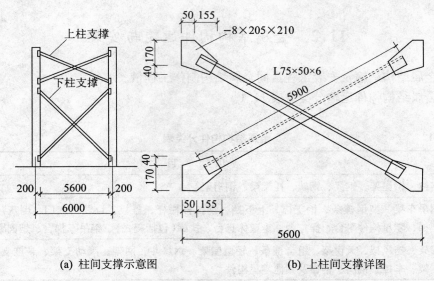

(a) 柱间支撑示意图   (b) 上柱间支撑详图

图 11.16　柱间支撑(mm)

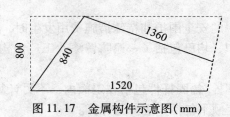

图 11.17　金属构件示意图(mm)

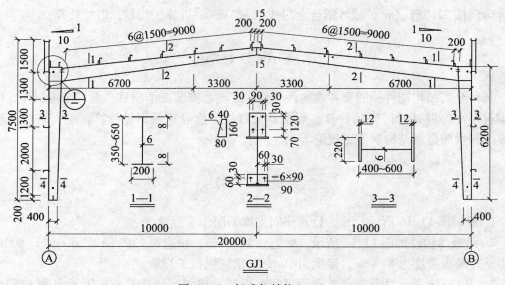

图 11.18　门式架结构(mm)

4. 某工程钢屋架如图 11.19 所示，计算钢屋架工程量。

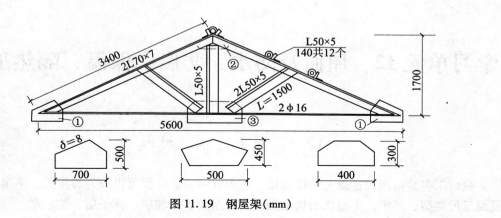

图 11.19　钢屋架(mm)

学习单元12　屋面及防水、防腐、保温、隔热工程

12.1　屋面防水、排水

屋面工程是指屋面板以上的构造层。按形式不同，屋面可以分为坡屋面、平屋面和曲屋面三种类型，其中，平屋面的构造层次有保温层、找坡层、找平层、防水层。

12.1.1　瓦屋面、金属压型板工程量计算

瓦屋面、金属压型板（包括挑檐部分）均按斜面积计算或水平投影面积×屋面坡度系数（见图12.1、表12.1），以平方米计算。不扣除房上烟囱、风帽底座、风道、屋面小气窗、斜沟及 0.3m² 以内孔洞等所占面积，屋面小气窗的出檐部分亦不增加。屋面挑出墙外的尺寸，按设计规定计算，如设计无规定时，彩色水泥瓦按水平尺寸加 70mm 计算。

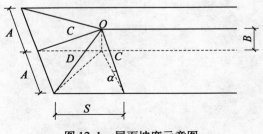

图12.1　屋面坡度示意图

彩钢夹心板屋面按实铺面积，以平方米计算，支架、铝槽、角铝等均已包含在定额内。计算公式：

$$瓦屋面、金属压型板工程量 = 其水平投影面积 \times 延尺系数$$

$$延尺系数 = \frac{屋面的斜面积}{坡屋面的水平投影面积}$$

屋面斜脊系数又称隅延尺系数，用 D 表示，如图12.1所示。计算公式：

$$斜脊长 = 屋面水平宽 \times D$$

【例12.1】　如图12.1所示，有一两坡水的坡形屋面，其外墙中心线长度为40m，宽度为15m，四面出檐距外墙外边线为0.3m，屋面坡度为1：1.333，外墙为24墙。试计算屋面工程量。

【解】（1）屋面水平投影面积 = 长×宽。

长 = 40+0.12×2+0.30×2 = 40.84（m）

宽=15+0.12×2+0.30×2=15.84(m)

水平投影面积=40.84×15.84=646.91(m²)

（2）屋面坡度系数。

坡度为 1∶1.333=B/A=0.75/1，查表知：$k=1.25$。

$k=\sqrt{1+0.75^2}=1.25$

（3）计算屋面工程量。

$S=646.91×1.25=808.64(m^2)$

表 12.1　　　　　　　　　　　　　　屋面坡度系数表

坡　　　度			延尺系数 C	隔延尺系数 D
B/A(A=1)	B/2A	角度 α		
1	1/2	45°	1.4142	1.7321
0.75		36°52′	1.2500	1.6008
0.70		35°	1.2207	1.5779
0.666	1/3	33°40′	1.2015	1.5620
0.65		33°01′	1.1926	1.5564
0.60		30°58′	1.1662	1.5362
0.577		30°	1.1547	1.5270
0.55		28°49′	1.1413	1.5170
0.50	1/4	26°34′	1.1180	1.5000
0.45		24°14′	1.0966	1.4839
0.40	1/5	21°48′	1.0770	1.4697
0.35		19°17′	1.0594	1.4569
0.30		16°42′	1.0440	1.4457
0.25		14°02′	1.0308	1.4362
0.20	1/10	11°19′	1.0198	1.4283
0.15		8°32′	1.0112	1.4221
0.125		7°8′	1.0078	1.4191
0.100	1/20	5°42′	1.0050	1.4177
0.083		4°45′	1.0035	1.4166
0.066	1/30	3°49′	1.0022	1.4157

【例 12.2】　某四坡水屋面平面如图 12.2 所示，设计屋面坡度为 0.5。试计算斜面积、斜脊长、正脊长。

【解】屋面坡度=B/A=0.5，查屋面坡度系数表得 C=1.118。

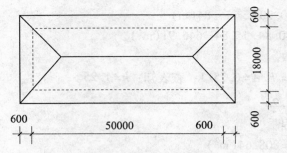

图 12.2　某四坡屋面图(mm)

屋面斜面积 $=(50+0.6\times2)\times(18+0.6\times2)\times1.118=1099.04(m^2)$

查屋面坡度系数表得 $D=1.5$，单面斜脊长 $=A\times D=9.6\times1.5=14.4(m)$

斜脊总长 $=4\times14.4=57.6(m)$

正脊长度 $=(50+0.6\times2)-9.6\times2=32(m)$

12.1.2　屋面卷材及涂膜防水

1. 基本知识

1) 卷材

卷材即可卷曲的防水材料，包括沥青油毡及改性沥青防水卷材(SBS、APP)、高分子卷材(主要有橡胶类、塑料类、纤维类)。

2) 铺贴

普通油毡一般采用冷沥青胶(冷玛帝脂)逐层粘贴；改性沥青卷材和高分子卷材采用刷粘结剂铺贴；改性沥青热熔卷材采用热熔法施工，其卷材背面涂有一层软化点较高的热熔胶，铺贴时只要一边用喷灯烘烤背面，一边滚动即可粘贴。卷材铺贴时每边搭接宽约为 100mm。

卷材与基层的粘贴种类分为：

(1) 满铺：全部粘贴；

(2) 空铺：仅在卷材四周粘贴；

(3) 条铺：采取条状粘贴，每卷不少于 2 条，每条宽不小于 150mm；

(4) 点铺：采取梅花点状粘贴，每平方米不少于 5 点，每点面积为 100mm×100mm；

(5) 满铺(加强型)：卷材接缝除按要求搭接外，在接缝处加贴 120mm 宽卷材，起加强作用。

3) 涂膜

(1) 涂膜组成：防水涂料结成的薄膜，在涂膜中间夹铺纤维布(无纺布、玻纤布)以加强涂膜的整体抗裂性，又叫胎布。每两层胎布之间的涂膜叫做一个涂层，涂膜由涂层和胎布叠合组成。涂膜无胎布时，即为一个涂层组成。

(2) 涂层厚度：连续均匀地在作业面上满刷一层称为一遍。每个涂层经涂刷数遍而成，而涂刷遍数越多，则涂层越厚。

薄质涂料刷一至二遍的涂层厚为 0.3~0.5mm。

聚氨酯防水涂料属厚质涂料，一个涂层涂刷两遍时，涂层厚度约为 2mm。

因此,图集 98ZJ001"2 厚聚氨酯防水涂料"屋面,可套用 2008 年湖北建筑定额子目 A6-95(因 2008 年湖北建筑定额工作内容规定"刷聚氨酯二遍"为一个涂层厚 2mm)。

地下室"2 厚聚氨酯防水涂料"项目可套用 2008 年湖北建筑定额中墙、地面防水子目 A6-197(刷聚氨酯二遍,同子目 A6-95)。

2. 工程量计算

卷材屋面按图示尺寸的水平投影面积×规定的坡度系数(见表 12.1),以平方米计算。不扣除房上烟囱、风帽底座、风道、屋面小气窗和斜沟所占的面积;屋面的女儿墙、伸缩缝和天窗等处的弯起部分,按图示尺寸并入屋面工程量计算,如图纸无规定时,伸缩缝、女儿墙的弯起部分可按 250mm 计算,天窗弯起部分可按 500mm 计算。如图 12.3 所示。

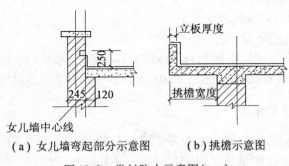

(a) 女儿墙弯起部分示意图   (b) 挑檐示意图

图 12.3 卷材防水示意图(mm)

卷材屋面及卷材防水定额中已包括附加层、接缝、收头、找平层嵌缝、冷底子油打底人工、材料等,不另外计算。

【例 12.3】 如图 12.4 所示,有一两坡水 SBS 卷材屋面,屋面防水层构造层次为:预制钢筋混凝土楼板、1:2 水泥砂浆找平层、冷底油一道、3mm 厚 SBS 防水层。试计算:(1)当有女儿墙时,屋面坡度为 1:4 时的防水层工程;(2)当有女儿墙且屋面坡度为 3%时的防水层工程;(3)当无女儿墙有挑檐,檐宽 500mm,坡度为 3%时的防水层工程量。

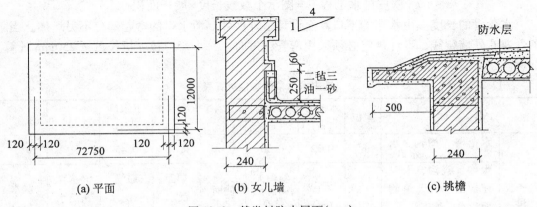

(a)平面   (b)女儿墙   (c)挑檐

图 12.4 某卷材防水屋面(mm)

【解】(1)屋面坡度 $1:4$,相应角度为 $14°02'$,延尺系数 $C=1.0308$。

坡屋面卷材工程量=水平投影面积×坡度系数+应增加的面积

$$S=(72.75-0.24)×(12-0.24)×1.0308+0.25×(72.75-0.24+12-0.24)×2$$
$$=878.98+42.14=921.12(m^2)$$

(2)屋面坡度 3% 时,按平屋面计算。

卷材工程量=屋面建筑面积-女儿墙厚×女儿墙中心线长+应增加的面积(若外墙与女儿墙厚度不同时用此公式)

$$S=(72.75+0.24)×(12+0.24)-0.24×(72.75+12)×2+0.25×(72.75-0.24+12-0.24)×2$$
$$=894.86(m^2)$$

或 $$S=(72.75-0.24)×(12-0.24)+0.25×(72.75-0.24+12-0.24)×2$$
$$=852.72+42.14=894.86(m^2)$$

(3)无女儿墙有挑檐平屋面(3%)。

卷材工程量=外墙外围水平面积+L外×檐宽+4×檐宽×檐宽(同平整场地计算方法)

$$S=(72.75+0.24)×(12+0.24)+(72.75+0.24+12+0.24)×2×0.5+4×0.5×0.5=979.63(m^2)$$

12.1.3 屋面刚性防水

刚性屋面、屋面砂浆找平层、水泥砂浆或细石砼保护层均按装饰装修定额楼地面工程中相应子目计算。按设计图示尺寸以面积计算,不扣除房上烟囱、风帽底座及小于 $0.3m^2$ 以内孔洞等所占面积。

12.1.4 屋面排水工程

屋面排水方式按使用材料的不同,划分为铁皮排水、铸铁排水、玻璃钢排水、PVC 系列排水等。

1. 铁皮排水

铁皮排水按图示尺寸以展开面积计算,如图纸没有注明尺寸,可按表 12.2 计算。咬口和搭接等已计入定额项目中,不另计算。计算公式如下:

铁皮排水工程量=图示个数或长度×展开面积

水落管的长度应由水斗的下口算至设计室外地坪。泄水口的弯起部分不另增加。当水落管遇有外墙腰线,设计规定必须采用弯管绕过时,每个弯管长度折长可按 250mm 计算。

表 12.2　　　　　　　　　　　　铁皮排水单体零件折算表

名　称		单位	水落管 (m)	檐沟 (m)	水斗 (个)	漏斗 (个)	下水口 (个)		
铁皮排水	水落管、檐沟、水斗、漏斗、下水口	m²	0.32	0.30	0.40	0.16	0.45		
	天沟、斜沟、天窗窗台泛水、天窗侧面泛水、烟囱泛水、通气管泛水、滴水檐头泛水、滴水	m²	天沟 (m)	斜沟天窗窗台泛水 (m)	天窗侧面泛水 (m)	烟囱泛水 (m)	通气管泛水 (m)	滴水檐头泛水 (m)	滴水 (m)
			1.30	0.50	0.70	0.80	0.22	0.24	0.11

2. 铸铁、玻璃钢、PVC 水落管

铸铁、玻璃钢、PVC 水落管区别不同直径，按图示尺寸以延长米计算，雨水口、水斗、弯头、短管以"个"计算。

【例12.4】 如图 12.5 所示，计算某建筑物屋面采用 DN100-UPVC 落水管排水，设计水落管20根，水斗底标高 19.6m，设计室外地坪-0.3m。试对此屋面排水系统列项，并计算各分项工程量。

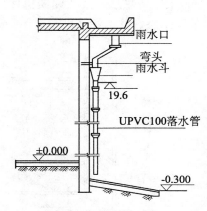

图 12.5 落水管示意图

【解】屋面 UPVC 排水施工内容包括安装雨水口、水斗、弯头、落水管四项，所以列项也同样。

落水口工程量=20个；

水斗工程量=20个；

弯头工程量=20个；

落水管按延长米计算到室外地坪 $L=(19.6+0.3)\times20=398(m)$。

3. 其他

(1)彩板屋脊、天沟、泛水、包角、山头按设计长度，以延长米计算，堵头已包括在定额内。

(2)阳台 PVC 落水管按组计算。每组阳台出水口至水落管中以线斜长按 1m 计算(内含 2 只 135°弯头、1 只异径三通)。

(3)PVC 阳台排水管以组计算。

(4)屋面检修孔以块计算。

12.2 其他防水工程

(1)建筑物地面防水、防潮层，按主墙间净空面积计算，扣除凸出地面的构筑物、设备基础等所占面积，不扣除柱、垛、间壁墙、烟囱及 0.3m² 以内孔洞所占面积。与墙面连接处高度在 500mm 以内时，按展开面积计算，并入平面工程量内；超过 500mm 时，其立面部分工程量全部按立面防水层计算。

公式如下：

平面防水工程量＝主墙间净面积＋墙身下部 500mm 以内高展开面积（墙身下部防水层
高大于 500mm 者，全部按立面）－应扣减部分

立面防水工程量＝墙身长×防水层高（或宽）

（2）建筑物墙基防水、防潮层（图 12.6），外墙长度按中心线计算；内墙长度按净长
线×宽度，以平方米计算。

（3）构筑物防水层及建筑物地下室防水层，按实铺面积计算，但不扣除 0.3m² 以内的
孔洞面积。平面与立面交接处的防水层，其上卷高度超过 500mm 时，按立面防水层计算。

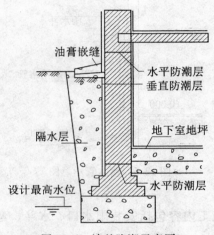

图 12.6　墙基防潮示意图

12.3　变形缝

变形缝包括伸缩缝、沉降缝及防震缝。变形缝要区分不同材料，一般以延长米计算。

定额中变形缝分填缝和盖缝两个部分，各部分按施工位置不同，又分平面和立面项
目，计算工程量时，要注意将各部位工程量全部计算在内，如图 12.7 所示。定额中盖缝
内容不包括填缝工作内容。

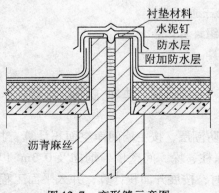

图 12.7　变形缝示意图

【例 12.5】　某工程地下室平面及墙身防水构造如图 12.8 所示。试对此工程列项，并计算地下室防水层工程量。

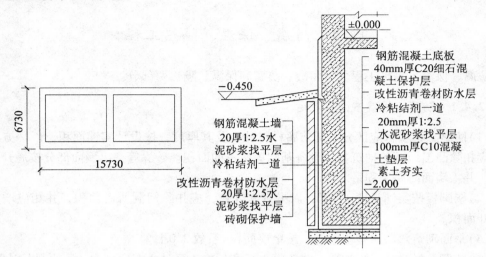

图 12.8　地下室平面及墙身防水示意图

【解】(1)列项。由图示工程做法可知，应列项目见表 12.3。

表 12.3 工程列项表

	工程做法	定额项目名称	计量单位
墙身	钢筋混凝土墙	混凝土墙	m³
	20 厚 1：2.5 水泥砂浆找平层	水泥砂浆找平层	m²
	冷粘结剂一道	SBS 防水层	m²
	SBS 防水层		
	20 厚 1：2.5 水泥砂浆找平层	水泥砂浆找平层	m²
	砖砌保护墙	1/2 贴砌砖墙	m³
地面	钢筋混凝土底板	钢筋混凝土满堂基础	m³
	40 厚 C20 细石混凝土保护层	C20 细石混凝土找平层	m²
	SBS 防水层	SBS 防水层(平面)	m²
	冷粘结剂一道		
	20 厚 1：2.5 水泥砂浆找平层	水泥砂浆找平层	m²
	100 厚 C10 混凝土垫层	C10 混凝土垫层	m³
	素土夯实	原土碾压	m²

(2)计算工程量。

地面 SBS 防水层工程量＝实铺面积＝15.73×6.73＝105.86(m²)

墙身 SBS 防水层工程量=实铺面积=L外×实铺高度

$$=(15.73+6.73)×2×(2-0.45)=69.63(m^2)。$$

12.4　防腐、保温、隔热工程

防腐、保温、隔热工程分为耐酸、防腐和保温、隔热两部分。

12.4.1　防腐工程量按计算规定

(1)防腐工程项目应区分不同防腐材料种类及其厚度，按设计实铺面积，以平方米计算，应扣除凸出地面的构筑物、设备基础等所占的面积。砖垛等突出墙面部分按展开面积计算，并入墙面防腐工程量之内。

(2)踢脚板按实铺长度×高度，以平方米计算，应扣除门洞所占面积，并相应增加侧壁展开面积。

(3)平面砌筑双层耐酸块料时，按单层面积×系数 2.0 计算。

(4)防腐卷材接缝、附加层、收头等人工和材料，已计入在定额中，不再另行计算。

(5)硫磺胶泥二次灌缝按实体体积计算。

(6)钢结构面 FVC 防腐涂料，其工程量按装饰装修工程消耗量定额中金属面油漆系数表规定，并乘以表列系数，以吨计算。

12.4.2　保温、隔热工程

保温层是指为使室内温度不至散失太快而在各基层上(楼板、墙身等)设置的起保温作用的构造层；隔热层是指减少地面、墙体或层面导热性的构造层。定额中的保温、隔热工程选用于中温、低温及恒温的工业厂(库)房隔热以及一般保温工程，其定额项目划分为屋面、天棚、墙体、楼地面及柱。

工程量按以下规定计算：

(1)保温隔热层应区别不同保温隔热材料，除另有规定者外，均按设计实铺厚度，以立方米计算。

(2)保温隔热层的厚度按隔热材料(不包括胶结材料)净厚度计算。

(3)屋面、地面隔热层按围护结构墙体间净面积×设计厚度(图 12.9)，以立方米计算，不扣除柱、垛所占的体积。

屋面保温层工程量=保温层设计长度×设计宽度×平均厚度

屋面保温层平均厚度=保温层宽度÷2×坡度÷2+最薄处厚度

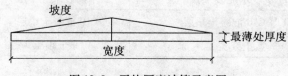

图 12.9　平均厚度计算示意图

　　屋面架空隔热层(含钢筋砼、模板、砖)按实铺面积,以平方米计算。一般可按女儿墙内墙内退 240mm 计算面积。

　　(4)墙体隔热层,内墙按隔热层净长×图示尺寸的高度及厚度,以立方米计算,应扣除冷藏门洞口和管道穿墙洞口所占的体积;外墙外保温(图 12.10)按实际展开面积计算。门洞口侧壁周围的隔热部分,按图示隔热层尺寸,以立方米计算,并入墙面的保温隔热工程量内。

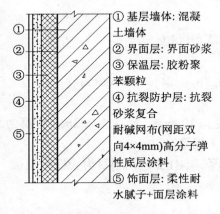

①基层墙体:混凝土墙体
②界面层:界面砂浆
③保温层:胶粉聚苯颗粒
④抗裂防护层:抗裂砂浆复合耐碱网布(网距双向4×4mm)高分子弹性底层涂料
⑤饰面层:柔性耐水腻子+面层涂料

①基层墙体:混凝土墙体
②粘接层:胶粘剂
③保温层:膨胀聚苯板
④增强防护层:抹面胶浆复合耐碱网布(网距双向4×4mm)
⑤饰面层:柔性耐水腻子+面层涂料

涂料饰面胶粉聚苯颗粒外墙外保温系统　　膨胀聚苯板薄抹灰外墙外保温系统

图 12.10　墙面保温示例

　　(5)柱包隔热层,按图示柱的隔热层中心线的展开长度×图示尺寸高度及厚度,以立方米计算。

　　(6)天棚混凝土板下铺贴保温材料时,按设计实铺厚度,以立方米计算。天棚板面上铺放保温材料时,按设计实铺面积,以平方米计算。柱帽保温隔热层按图示保温隔热层体积计算,并入天棚保温隔热层工程量内。

　　(7)树脂珍珠岩板按图示尺寸以平方米计算,并扣除 0.3m² 以上孔洞所占的体积。

　　(8)其他保温隔热:

　　①池槽隔热层按图示池槽保温隔热层的长、宽及其厚度,以立方米计算。池壁按墙面计算,池底按地面计算。

　　②烟囱内壁表面隔热层,按筒身内壁并扣除各种孔洞后的面积,以平方米计算。

　　③保温层排气管按图示尺寸以延长米计算,不扣管件所占长度,保温层排气孔按不同材料以"个"计算。

　　【例 12.6】　保温平屋面尺寸如图 12.11 所示,做法如下:空心板上 1:3 水泥砂浆找平 20 厚,沥青隔汽层一度,1:8 现浇水泥珍珠岩最薄处 60 厚,1:3 水泥砂浆找平 20 厚,PVC 橡胶卷材防水。试计算工程量。

　　【解】(1)PVC 橡胶卷材防水(平面)工程量 =(48.76+0.24+0.65×2)×(15.76+0.24+
$$0.65×2)= 870.19(m^2)$$

　　(2)屋面保温层平均厚 =16÷2×0.015÷2+0.06=0.12(m)

　　1:8 现浇水泥珍珠岩保温层工程量 =(48.76+0.24)×(15.76+0.24)×0.12
$$=784.00×0.12=94.08(m^3)$$

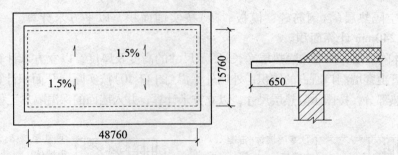

图 12.11　屋顶平面及剖面图(mm)

③沥青隔汽层工程量＝(48.76＋0.24)×(15.76＋0.24)＝784.00(m²)

砂浆找平层按相应定额计算。

【例 12.7】　某冷库内设软木保温层，厚度为100mm，层高为3.3m，板厚为100mm，如图 12.12 所示。试对其保温层列项，并计算工程量。

【解】(1)列项。根据定额中项目的划分情况，本任务应列项目为天棚保温层、墙面保温层、地面保温层、柱面保温层。

(2)工程计算。

天棚保温层工程量＝天棚面积×保温隔热层厚度

$$＝(4.8-0.24)×(3.6-0.24)×0.1＝1.53(m³)$$

地面保温层工程量＝(墙间净面积＋门窗洞口开口面积)×保温层厚度

$$＝[(4.8-0.24)×(3.6-0.24)＋0.8×0.24]×0.1＝1.55(m³)$$

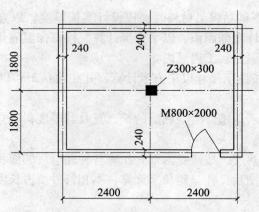

图 12.12　冷库平面图(mm)

墙面保温层工程量＝保温层中心线长×高度×厚度－门窗洞口所占体积＋门窗洞口侧壁增加

$$＝(4.8-0.24-0.05×2＋3.6-0.24-0.05×2)×2×(3.2-0.1×2)×0.1$$

$$-0.8×2×0.1＋[0.8＋(2-0.1×2)×2]×0.12×0.1＝4.52(m³)$$

柱面保温层工程量＝柱保温层中心线周长×高度×厚度

$$＝(0.3＋0.05×2)×4×(3.2-0.1×2)×0.1＝0.48(m³)$$

本单元小结

卷材屋面、瓦屋面、金属压型板（包括挑檐部分）均按斜面积计算，不扣除房上烟囱、风帽底座、风道、屋面小气窗、斜沟及 0.3m² 以内孔洞等所占面积。

卷材屋面还要增加屋面的女儿墙、伸缩缝和天窗等处的弯起部分的面积。卷材屋面防水附加层、冷底子油打底不另计算。

建筑物地面防水、防潮层，按主墙间净空面积计算，500mm 以内者，上翻部分并入地面中。

防腐工程项目应区分不同防腐材料种类及其厚度，按设计实铺面积，以平方米计算。

保温工程均按设计实铺厚度，以立方米计算。屋面架空隔热层（含钢筋砼、模板、砖）按实铺面积，以平方米计算。

习　题

1. 某办公楼屋面 240 厚女儿墙轴线尺寸为 12m×50m，平屋面构造如图 12.13 所示。试计算屋面工程量。

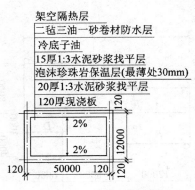

图 12.13　平屋面构造图

2. 某工程如图 12.14 所示，屋面板上铺水泥大瓦。计算工程量，确定定额项目。

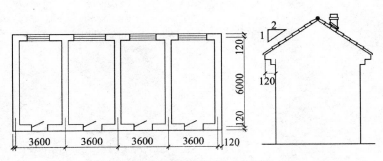

图 12.14　某工程平面图及立面图（mm）

3. 计算如图 12.15 所示某幼儿园卷材屋面工程量。女儿墙与楼梯间出屋面墙交接处卷材弯起高度取 250m，图中括号中数据为楼梯间女儿墙数据。

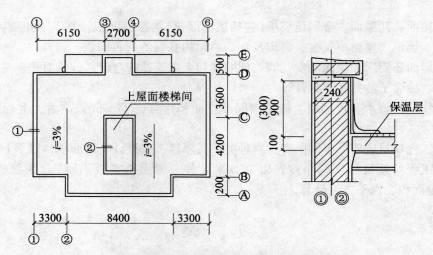

图 12.15　某幼儿园屋面平面图及节点图(mm)

4. 根据图 12.16 所示尺寸和条件计算找坡层工程量。

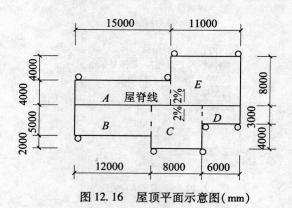

图 12.16　屋顶平面示意图(mm)

学习单元 13 楼地面装饰工程

楼地面工程主要包括垫层、找平层、整体面层、各种块料面层，以及各种材质的栏杆、扶手和其他内容。

13.1 地面垫层

地面垫层按室内主墙间净空面积×设计厚度，以立方米计算，应扣除凸出地面的构筑物、设备基础、室内管道、地沟等所占体积；不应扣除柱、垛、间壁墙、附墙烟囱及面积在 $0.3m^2$ 以内的孔洞所占体积。

13.2 整体面层、找平层

这些均按主墙间净面积，以平方米计算，应扣除凸出地面构筑物、设备基础、室内管道、地沟；不应扣除柱、垛、附墙烟囱及面积在 $0.3m^2$ 以上的孔洞所占面积；不增加门洞、空圈、暖气包槽、壁龛的开口部分所占面积。

【例13.1】 某建筑平面如图13.1所示，试计算水泥砂浆楼地面的工程量。

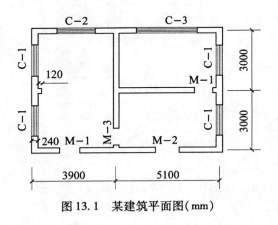

图 13.1 某建筑平面图(mm)

【解】工程量 $= (3.9-0.24) \times (3+3-0.24) + (5.1-0.24) \times (3-0.24) \times 2$

$= 21.082 + 26.827$

$= 47.91(m^2)$

13.3 块料面层

块料面层按饰面净面积,以平方米计算,不扣除 $0.1m^2$ 内孔洞所占面积以及点缀面积。拼花部分按实贴面积计算。

【例 13.2】 如图 13.1 所示,试计算木地板地面的工程量。

【解】木地板地面的工程量=地面工程量+门洞口开口部分工程量
$$=47.91+(1×2+1.2+0.9)×0.24=48.89(m^2)$$

13.4 楼梯面层

楼梯面层按水平投影面积计算,包括踏步、平台以及小于 500mm 宽的楼梯井。有楼梯间的按楼梯间净面积计算,楼梯与走廊楼面连接的,以梯口梁外缘为界(含梯口梁)。无梯口梁者,算至最上一层踏步边沿加 300mm。

【例 13.3】 某建筑物内一楼梯如图 13.2 所示,同走廊连接采用直线双跑形式,墙厚 240mm,梯井宽 300mm,楼梯铺块料面层。试计算其工程量。

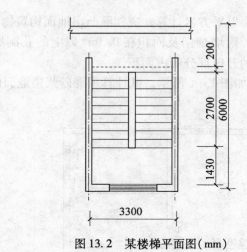

图 13.2 某楼梯平面图(mm)

【解】工程量=$(3.3-0.24)×(0.20+2.7+1.43)=13.25(m^2)$

13.5 台阶面层

台阶面层按水平投影面积计算。最上一层踏步沿加 300mm。台阶不包括牵边、侧面装饰。室外架空现浇台阶按室外楼梯计算。

【例 13.4】 某台阶如图 13.3 所示,1:2.5 水泥砂浆粘贴花岗石板。试计算工程量,确定定额项目。

【解】花岗石板地面工程量 = 2.1×1 = 2.1(m²)

花岗石板台阶工程量 = (2.1+0.3×4)×(1+0.3×2) - 2.1 = 3.18(m²)

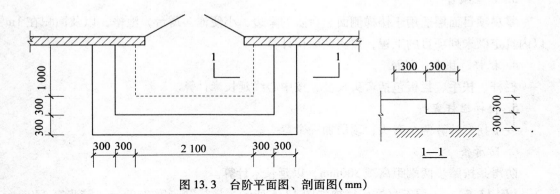

图 13.3　台阶平面图、剖面图(mm)

13.6　其他

1. 踢脚板

(1)非块料踢脚板:按延长米计算,洞口、空圈长度不予扣除,洞口、空圈、垛、附墙烟囱等侧壁长度亦不增加。

(2)块料踢脚板:应按实长×高度,以平方米计算,洞口应扣除,侧壁应增加。

楼梯处锯齿型踢脚线(图 13.4)的长度和高度的计算公式如下:

锯齿型踢脚线长: $$L = \sqrt{a^2+b^2} \times (踏步个数+1)$$

锯齿型踢脚线高: $$H = (h+b) \times \frac{a}{\sqrt{a^2+b^2}}$$

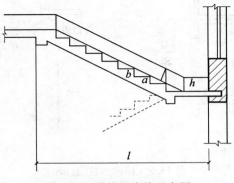

图 13.4　楼梯踢脚线示意图

(3)成品踢脚线按实贴延长米计算。

(4)楼梯踢脚线按定额乘 1.15 计算。

2. 点缀

点缀按"个"计算，计算地面工程量时点缀面积不扣除。

3. 零星项目

零星项目面层适用于楼梯侧面、台阶的牵边，小便池，蹲台，池槽，以及面积在 $1m^2$ 以内且定额未列项目的工程，按实铺面积计算。

4. 栏杆、扶手、拦板

栏杆、扶手、拦板包括弯头长度，按中心线延长米计算。

5. 楼梯栏杆弯头

一个拐弯计算两个弯头，顶层加一个弯头。

6. 防滑条

防滑条按踏步两端距离减 300mm，以延长米计算。

【例 13.5】 一层石材饰面楼梯如图 13.5 所示，楼梯踏步宽 270mm，踏步高 140mm，石材踢脚线高 150mm。试计算楼梯石材面层和踢脚线工程量。

【解】(1)楼梯石材面层工程量：$(2.4-0.24)\times3.8=8.208(m^2)$

(2)楼梯踢脚线工程量：

踏步部分的工程量：踏板数 $=2.16\div0.27=8$

踏步部分踢脚线长：$L=\sqrt{0.27^2+0.14^2}\times(8+1)=2.737(m)$

踏步部分踢脚线高：$H=(0.15+0.14)\times\dfrac{0.27}{\sqrt{0.27^2+0.14^2}}=0.257(m)$

踏步部分踢脚线面积：$L\times H=2.737\times0.257\times2=1.407(m^2)$

休息平台部分的工程量：$[(1.4-0.27)\times2+2.4-0.24]\times0.15=0.663(m^2)$

楼梯踢脚工程量：$1.407+0.663=2.07(m^2)$

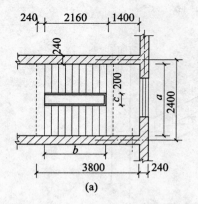
(a)

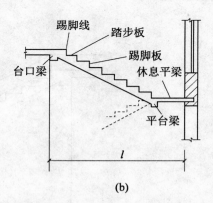
(b)

图 13.5 楼梯示意图(mm)

本单元小结

整体面层、找平层均按主墙间净面积，以平方米计算。要注意对主墙间净面积的理解，有应扣减的，有该扣减而不需扣减的，有该增加而不要增加的。

块料面层按饰面净面积，以平方米计算，基本上是实际面积。洞口空圈要增加。0.1m² 空洞不扣减。

楼梯及台阶按水平投影面积计算。要注意与楼面、地面的分界线。

栏杆与扶手分属不同的定额项目，但工程量是一致的，均按延长米计算。

习　　题

1. 如图 13.6 所示，地面做法为：80mm 厚碎石垫层，60mm 厚 C10 砼垫层，20mm 厚水泥砂浆找平层，厕所铺设同质地砖。其他铺设企口木地板。试计算楼地面工程量。

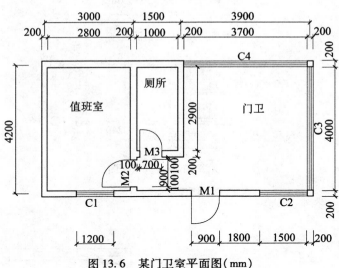

图 13.6　某门卫室平面图(mm)

2. 某楼梯如图 13.7 所示。试计算栏杆、扶手的工程量，以及楼梯间地面和楼梯的花岗岩饰面的工程量。

3. 某建筑物门前台阶如图 13.8 所示。试计算贴大理石面层的工程量(不计花池及门口部分)。

4. 试计算图 13.9 所示房间地面镶贴大理石面层的工程量，墙厚 490mm，门与墙外边线齐平。

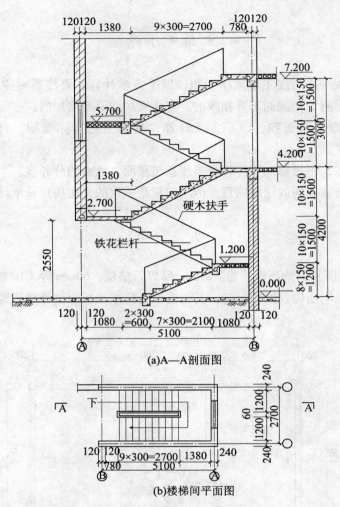

(a)A—A剖面图

(b)楼梯间平面图

图 13.7　楼梯平面剖面图(mm)

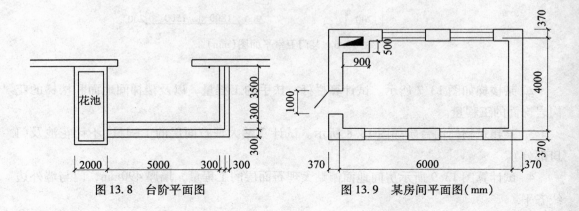

图 13.8　台阶平面图　　　　　　　图 13.9　某房间平面图(mm)

学习单元 14 墙柱面装饰工程

14.1 抹灰工程

14.1.1 内墙一般抹灰

1. 内墙(裙)抹灰面积

内墙(裙)抹灰面积按内墙净长×净高度计算。应扣除门窗洞口和空圈所占的面积；不扣除踢脚板、挂镜线、0.3m² 以内的孔洞和墙与构件交接处所占的面积；不增加洞口侧壁和顶面面积；应增加墙垛和附墙烟囱侧壁面积。

2. 内墙面抹灰高度确定

(1)无墙裙的：室内地面或楼面至天棚底面。

(2)有墙裙的：墙裙顶至天棚底面。

(3)有吊顶天棚：室内地面或楼面至吊顶天棚底面为 100mm。

14.1.2 外墙一般抹灰

1. 外墙抹灰

外墙抹灰按外墙面的垂直投影面积，以平方米计算，应扣除门窗洞口、外墙裙和大于 0.3m² 的孔洞所占面积；不增加洞口侧壁和顶面面积；应增加：附墙垛、梁、柱的侧面面积。

2. 外墙裙(勒脚)抹灰面积

按其长度×高度计算，其他规定同外墙面。

3. 窗台线、门窗套、挑檐、腰线、遮阳板、雨篷外边线、楼梯边梁、女儿墙压顶等

(1)装饰线条：展开宽度在 300mm 以内者，以延长米计算。

(2)零星项目：展开宽度在 300mm 以上时，按图示尺寸，以展开面积计算。

4. 栏板、栏杆(包括立柱、扶手或压顶等)抹灰

套用零星项目子目，按中心线的立面垂直投影面积×2.20 系数，以平方米计算；外侧与内侧抹灰砂浆不同时，各按 1.10 系数计算。

5. 墙面勾缝

墙面勾缝按垂直投影面积计算，应扣除墙裙和墙面抹灰的面积。

14.1.3 装饰抹灰

1. 外墙各种装饰抹灰

外墙各种装饰抹灰均按垂直投影面积计算，应扣除门窗洞口、0.3m² 以上的孔洞面积；不增加洞口侧壁面积；应增加：附墙柱侧面面积。

2. 挑檐、天沟、腰线、栏杆、栏板、门窗套、窗台线、压顶、雨篷周边、楼梯边梁、楼梯侧边等

这些均按图示尺寸展开面积以零星项目计算（装饰抹灰中不存在装饰线条项目）。

3. 分格嵌缝

分格嵌缝按装饰抹灰面积计算。

4. 女儿墙、阳台栏板

女儿墙（包括泛水、挑砖）、阳台栏板（不扣除花格所占孔洞面积）内侧抹灰按垂直投影面积×系数 1.10，带压顶者×系数 1.30，按墙面定额执行。

5. 柱

柱抹灰按结构断面周长×高计算。

【例 14.1】 某工程如图 14.1 所示，内墙面抹 12mm 厚 1∶1∶6 水泥石灰砂浆+5 厚 1∶0.5∶3 水泥石灰砂浆面。内墙裙（900mm 高）采用 1∶3 水泥砂浆打底（18 厚），1∶2.5 水泥砂浆面层（6 厚），外墙面抹水泥砂浆，底层为 1∶3 水泥砂浆打底 14mm 厚，面层为 1∶2 水泥砂浆抹面 6mm 厚；外墙裙（1000mm 高）水刷石，1∶3 水泥砂浆打底 12mm 厚，素水泥浆二遍，1∶2.5 水泥白石子 10mm 厚（分格），挑檐侧面水刷白石，厚度与配合比均与定额相同。试计算内墙面抹灰、外墙面抹灰、外墙裙及挑檐装饰抹灰工程（暂不考虑台阶扣减问题），确定定额项目。

M：1000mm×2700mm，共 3 个；C：1500mm×1800mm，共 4 个。

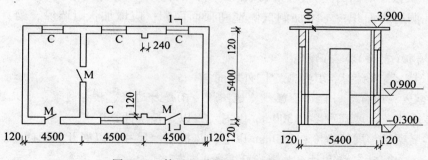

图 14.1 某工程平面图、剖面图（mm）

【解】(1)内墙面抹灰工程量：[(4.50×3-0.24×2+0.12×2)×2+(5.40-0.24)×4]×(3.90-0.10-0.90)-1.00×(2.70-0.90)×4-1.50×1.80×4=118.76(m²)

水泥石灰砂浆砖墙面，套用 2008 年湖北建筑定额子目 B2-36，定额子目厚度为 15+5=20(mm)。

另套用混合砂浆厚度每增减 1mm 子目 B2-59，则工程量为-118.76×3=-356.28(m²)。

(2)内墙裙工程量：$[(4.50\times3-0.24\times2+0.12\times2)\times2+(5.40-0.24)\times4-1.00\times4]\times$
$0.90=38.84(m^2)$

水泥砂浆砖墙裙，套用2008年湖北建筑定额子目 B2-25，定额子目厚度为 $15+5=20(mm)$。

另套用水泥砂浆厚度每增减 1mm 子目 B2-58，则工程量为 $118.76\times4=474.04(m^2)$。

(3)外墙裙工程量：$(4.50\times3+0.24+5.40+0.24)\times2\times1.00-1.0\times(1.0-0.3)\times2=37.36(m^2)$

水刷石墙裙 $(12+10)mm$，套用2008年湖北建筑定额子目 B2-86，工程量为 $37.36m^2$。

水刷石墙裙分格缝，套用2008年湖北建筑定额子目 B2-120，工程量为 $37.36m^2$。

(4)外墙面抹灰工程量：$(4.50\times3+0.24+5.40+0.24)\times2\times(3.9-0.1-1.0+0.3)-1.0\times$
$(2.7-0.7)\times2-1.50\times1.80\times4=105.36(m^2)$

水泥砂浆砖墙裙 $(15+5)mm$，套用2008年湖北建筑定额子目 B2-25。

(5)挑檐水刷石工程量：$(4.50\times3+0.24+5.40+0.24+0.6\times4)\times2\times0.1=4.36(m^2)$

水刷石零星项目，套用2008年湖北建筑定额子目 B2-85，工程量为 $4.36m^2$。

14.2　块料面层

(1)墙面贴块料面层均按图示尺寸，以实贴面积计算。

(2)墙面饰面按图示尺寸，以实贴面积计算。龙骨、基层、面层工程量相同。

(3)墙面贴块料、饰面高度在300mm以内者，按踢脚板定额计算。

(4)柱按饰面外围尺寸×高度计算。

成品大理石、花岗岩柱墩及柱帽按最大外围周长，以米计算。

其他未列项目的柱墩、柱帽均按设计以展开面积计算，并入相应柱面内，且另按装饰种类增加人工：抹灰0.25工日/个，块料0.38工日/个，饰面0.5工日/个。

(5)隔断、隔墙、屏风按净长×净高计算，扣除门窗洞口及 $0.3m^2$ 以上孔洞的面积。

全玻璃隔断的不锈钢边框按展开面积单独列项计算。

(6)面层、隔墙(间壁)、隔断(护壁)定额内除注明者外，均未包括压条、收边、装饰线(板)，如设计要求时，应按其他工程相应子目执行。

【例 14.2】　某变电室外墙面尺寸如图 14.2 所示，M：1500mm×2000mm；C1：1500mm×1500mm；C2：1200mm×800mm；门窗侧面宽度100mm，外墙水泥砂浆粘贴规格194mm×94mm 瓷质外墙砖，灰缝5mm。试计算工程量，确定定额项目。

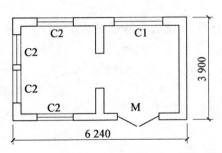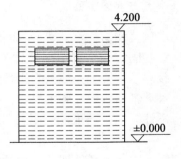

图 14.2　变电室平面立面图(mm)

【解】外墙面砖工程量：（6.24+3.90）×2×4.20−（1.50×2.00）−（1.50×1.50）−（1.20×0.80）×4+[1.50+2.00×2+1.50×4+（1.20+0.80）×2×4]×0.10＝78.84（m²）

外墙面水泥砂浆粘贴（规格194mm×94mm，灰缝5mm）瓷质面砖，套用2008年湖北建筑定额子目B2-270。

【例14.3】 木龙骨、五合板基层、不锈钢柱面尺寸如图14.3所示，共4根，龙骨断面30mm×40mm，间距250mm。试计算工程量，确定定额项目。

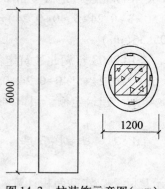

图14.3 柱装饰示意图（mm）

【解】（1）木龙骨工程量：1.20×3.14×6.00×4＝90.48（m²）

设计木龙骨包圆柱，套用2008年湖北建筑定额子目B2-365，木龙骨24mm×30mm换成30mm×40mm。

（2）木龙骨上钉五合板基层工程量为90.48m²，套用2008年湖北建筑定额子目B2-333。

（3）圆柱不锈钢面工程量为90.48m²，套用2008年湖北建筑定额子目B2-384。

（4）不锈钢卡口槽工程量为6.00×4＝24.00（m），套用2008年湖北建筑定额子目B2-386。

14.3 幕墙工程

14.3.1 点支承玻璃幕墙

点支承玻璃幕墙简称点式玻璃幕墙。采用在玻璃板上穿孔方式，用不锈钢爪抓住玻璃，通过连结杆固定在承重结构杆件上，具有简洁通透的效果。承重结构是无缝钢管桁架，爪座直接焊于钢管上；或者是用型钢构件，爪座焊在型钢上。

点支承玻璃幕墙按设计图示尺寸，以四周框外围展开面积计算。肋玻结构点式幕墙玻璃肋工程量不计算，但玻璃肋含量可调整。钢桁架按设计图示尺寸，按质量以吨为单位计算。

骨架若需要进行弯弧处理，其弯弧费另行计算。

点支承玻璃幕墙是采用内置受力骨架直接和主体钢结构进行连接的模式，若采用螺栓和主体连接的后置连接方式，后置预埋钢板、螺栓材料费另行计算。

14.3.2　全玻璃幕墙

全玻璃幕墙是由玻璃肋和玻璃面板构成的幕墙。根据玻璃受力的不同，可将全玻璃幕墙划分为坐装式全玻璃幕墙和吊挂式全玻璃幕墙。

全玻璃幕墙按设计图示尺寸，以面积计算。带肋全玻璃幕墙按设计图示尺寸，以展开面积计算。玻璃肋按玻璃边缘尺寸，以展开面积计算，并入幕墙内。

14.3.3　金属板幕墙

金属板幕墙按照设计图示尺寸，以外围展开面积计算。凹或凸出的板材折边，按照展开面积计算，并入幕墙工程量内。

14.3.4　框支承玻璃幕墙

框支承玻璃幕墙按照设计图示尺寸，以框外围展开面积计算。幕墙中同材质的悬窗并入幕墙工程量内。

14.3.5　其他

幕墙防火隔断按照设计图示尺寸，以展开面积计算。

幕墙防火系统、避雷系统以及金属成品装饰压条均按延长米计算。

雨篷按设计图示尺寸，以外围展开面积计算。有组织排水的排水沟槽以水平投影面积计算，并入雨篷工程量内。

14.4　招牌、家具等其他工程

14.4.1　招牌、灯箱

（1）平面招牌基层按正立面面积计算，复杂形的凹凸造型部分亦不增减。

（2）沿雨篷、檐口或阳台走向的立式招牌基层，按平面招牌复杂型执行时，应按展开面积计算。

（3）箱体招牌和竖式标箱的基层按外围体积计算。突出箱外的灯饰、店徽及其他艺术装潢等均另行计算。

（4）灯箱的面层按展开面积，以平方米计算。

（5）广告牌钢骨架以吨计算。

14.4.2　家具

（1）收银台、试衣间以"个"计算。

（2）货架、附墙木壁柜、附墙矮柜、厨房矮柜均以正立面的高（包括脚的高度在内）×宽，以平方米计算。

（3）柜台、展台、酒吧台、酒吧吊柜、吧台背柜按延长米计算。

(4)家具是指独立的衣柜、书柜、酒柜等,不分柜子的类型,按不同部位以展开面积计算。

14.4.3 字画

(1)美术字安装按字的最大外围矩形面积,以"个"计算。

(2)壁画、国画、平面雕塑按图示尺寸,无边框分界时,以能包容该图形的最小矩形或多边形的面积计算;有边框分界时,按边框间面积计算。

(3)立体雕塑(除木雕按立方米计算外)按中心线长度,以延长米计算。重叠部分,1.5m以内,乘以系数1.18;超过1.5m,则分别计算。

14.4.4 其他

(1)暖气罩(包括脚的高度在内)按边框外围尺寸垂直投影面积计算。

(2)塑料镜箱、毛巾环、肥皂盒、金属帘子杆、浴缸拉手、毛巾杆安装以"只"或"副"计算。

(3)不锈钢旗杆以延长米计算。

(4)大理石洗漱台以台面投影面积计算(不扣除孔洞面积)。

(5)压条、装饰线条均按延长米计算。

(6)镜面玻璃安装、盥洗室木镜箱以正立面面积计算。

(7)窗帘布制作与安装工程量以垂直投影面积计算。

(8)不锈钢造型,以平方米为单位者,按展开面积计算。同一造型中有管、圆、板、球组合者,应分别计算,分别套项。球造型,如果是半球,大于1/2者,执行球定额;小于1/2者,执行板定额。

(9)拆除工程量按拆除面积或长度计算,执行相应子目。

【例14.4】 已知某店面墙面的钢结构箱式招牌,大小 12000mm×2000mm×200mm,五夹板衬板,铝塑板面层,钛金字:1500mm×1500mm 的 6 个,150mm×100mm 的 12 个。试计算招牌清单工程量及材料消耗工程量。

【解】招牌清单工程量:12×2＝24(m²)

招牌五夹板、铝塑板的工程量:12×2+12×0.2×2+2×0.2×2＝29.6(m²)

1500mm×1500mm 美术字工程量:6(个)

150mm×100mm 美术字工程量:12(个)

本单元小结

内外墙(裙)抹灰面积均按立面投影面积计算,注意应增应减、不增不减部分。注意区分零星项目与装饰线条抹灰。

墙面块料装饰、饰面装饰、幕墙均按实贴(实铺)面积计算。

柱抹灰按结构断面周长×高计算。柱饰面按外围周长×高计算。

习　　题

1. 如图 14.4 所示，间壁墙采用轻钢龙骨双面镶嵌石膏板，门口尺寸为 900mm×2000mm，窗洞口尺寸为 900mm×1200mm，柱面水泥砂浆粘贴 6mm 车边镜面玻璃，装饰断面为 400mm×400mm，内墙水泥砂浆镶贴瓷砖。试计算间壁墙工程量、柱面装饰工程量、墙面瓷砖知识工程量，并确定定额项目。

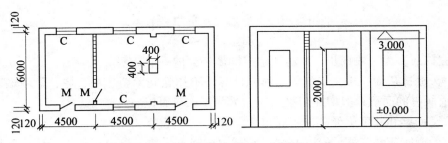

图 14.4　某工程装饰平面、立面图（mm）

2. 有一建筑物内有 8 根矩形独立柱，柱高 9m，柱结构断面为 400mm×400mm。试计算柱面抹灰工程量。若柱面做木龙骨（断面 30mm×40mm，间距 250mm），五合板基层，不锈钢饰面，饰面外围尺寸为 650mm×650mm。试确定柱面不锈钢装饰定额项目，并计算工程量。

3. 某工程檐口上方设招牌、长 28m、高 1.5m，钢结构龙骨，九夹板基层，塑铝板面层，上嵌 8 个 1m×1m 泡沫塑料有机玻璃面大字。试确定定额项目，并计算工程量。

4. 某变电室外墙面尺寸如图 14.5 所示，M：1500mm×2000mm，C1：1500mm×1500mm，C2：1200mm×800mm；门窗侧面宽度 100mm，外墙水泥砂浆粘贴规格 194mm×94mm 瓷质外墙砖，灰缝 5mm。试计算工程量，确定定额项目。

5. 平墙式暖气罩尺寸如图 14.6 所示，五合板基层，榉木板面层，机制木花格散热口，共 18 个。试计算工程量，确定定额项目。

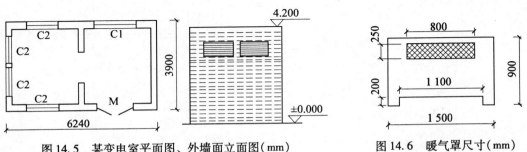

图 14.5　某变电室平面图、外墙面立面图（mm）　　　　图 14.6　暖气罩尺寸（mm）

学习单元 15 天棚工程

15.1 天棚抹灰工程量

天棚抹灰多为一般抹灰，材料及组成同墙柱面的一般抹灰。

（1）天棚抹灰面积按主墙间的净面积计算，不扣除间壁墙、垛、柱、附墙烟囱、检查口和管道所占的面积；应增加带梁天棚，梁两侧抹灰面积。

（2）密肋梁和井字梁天棚抹灰面积按展开面积计算。

（3）天棚抹灰装饰线（角线）区别三道线以内或五道线，以内按延长米计算。线角的道数判断：每一个突出的棱角为一道线。

（4）檐口天棚的抹灰面积并入相同的天棚抹灰工程量内计算。

（5）天棚中的折线、灯槽线、圆弧形线、拱形线等艺术形式的抹灰按展开面积计算。

（6）楼梯底面抹灰按楼梯水平投影面积（梯井宽超过 200mm 以上者，应扣除超过部分的投影面积）乘以系数 1.30，套用相应的天棚抹灰定额计算。

（7）阳台底面抹灰按水平投影面积，以平方米计算，并入相应天棚抹灰面积内。阳台如带悬臂梁，其工程量应乘系数 1.30。

（8）雨篷底面或顶面抹灰分别按水平投影面积，以平方米计算，并入相应天棚抹灰面积内。雨篷顶面如带反沿、反梁或底面带悬臂梁，其工程量应乘以系数 1.20。

【例 15.1】某钢筋砼天棚如图 15.1 示，已知板厚 100mm。试计算天棚抹灰工程量。

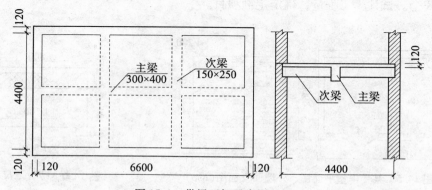

图 15.1 带梁天棚示意图（mm）

【解】顶棚抹灰工程量：$(6.60-0.24)\times(4.40-0.24)+(0.40-0.12)\times6.36\times2+(0.25-0.12)\times3.86\times2\times2-(0.25-0.12)\times0.15\times4=31.95(m^2)$

15.2　天棚吊顶工程量

天棚面层在同一标高者或高差在 200mm 以内者，为平面天棚；天棚面层不在同一标高，且高差在 200mm 以上者，为跌级天棚(二级及二级以上天棚)。

带有装饰花和不规则型的天棚，称为艺术造型天棚，如藻井型、阶梯型、锯齿型等类型的天棚，如图 15.2 所示。

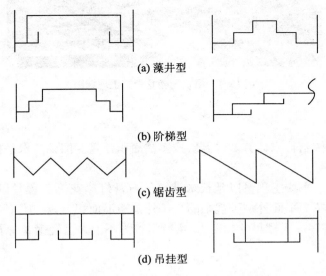

(a) 藻井型

(b) 阶梯型

(c) 锯齿型

(d) 吊挂型

图 15.2　艺术天棚断面示意图

除其他天棚(如烤漆龙骨天棚、铝合金格栅天棚、采光天棚等)龙骨和面层合并列项外，均按龙骨、基层、面层分别列项。

1. 天棚龙骨

吊顶天棚龙骨按主墙间净空面积计算，不扣除间壁墙、检查口、附墙烟囱、柱、垛和管道所占面积。吊顶天棚龙骨施工现场施工图如图 15.3 所示。

2. 天棚基层

天棚基层按展开面积计算。

3. 天棚装饰面层

天棚装饰面层按主墙间实铺面积，以平方米计算，不扣除间壁墙、检查口、附墙烟囱、附墙垛和管道所占面积，应扣除独立柱、灯槽及与天棚相连的窗帘盒、0.3m² 以上孔洞所占的面积。

4. 龙骨面层

龙骨面层合并列项，子目计量规则同龙骨工程量。

5. 楼梯底面装饰工程

板式楼梯底面按水平投影面积×1.15 计算。梁式楼梯底面按展开面积计算。

图 15.3　吊顶天棚龙骨施工现场图

6. 其他

灯光槽、嵌缝按延长米计算。保温层按实铺面积计算。网架按水平投影面积计算。

7. 石膏装饰

石膏装饰角线、平线工程量以延长米计算。石膏灯座花饰工程量以实际面积按"个"计算。石膏装饰配花，平面外型不规则的，按外围矩形面积，以"个"计算。

【**例 15.2**】　某客厅天棚尺寸如图 15.4 所示，为不上人型轻钢龙骨石膏板吊顶。试计算天棚的工程量。

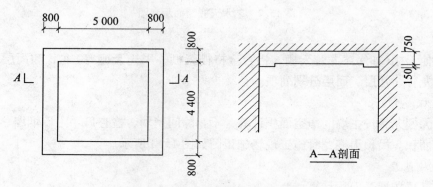

图 15.4　某客厅天棚示意图(mm)

【**解**】高差 150mm<200mm，为一级天棚。

天棚吊龙骨的工程量：$(0.8 \times 2 + 5) \times (0.8 \times 2 + 4.4) = 39.6 (\text{m}^2)$

石膏板基层的工程量：$(0.8 \times 2 + 5) \times (0.8 \times 2 + 4.4) + (4.4 + 5) \times 2 \times 0.15 = 42.42 (\text{m}^2)$

本单元小结

天棚抹灰面积按主墙间的净面积计算。密肋梁和井字梁天棚抹灰按展开面积。

楼梯、阳台底面、雨篷底面或顶面抹灰按水平投影面积，套用相应的天棚抹灰定额计算。

楼梯、阳台其工程量按水平投影×系数1.30计算。雨篷顶面带反沿、反梁或底面带悬臂梁，其工程量应乘以系数1.20。

吊顶天棚龙骨按主墙间净空面积计算，不扣除间壁墙、检查口、附墙烟囱、柱、垛和管道所占面积。

天棚基层工程量按展开面积计算。

天棚装饰面层按主墙间实铺面积，以平方米计算。龙骨面层合并列项子目计量规则同龙骨工程量。

板式楼梯底面装饰按水平投影面积×1.15计算。梁式楼梯底面装饰按展开面积计算。

网架按水平投影面积计算。

习　题

1. 某钢筋混凝土板底吊不上人型装配式U型轻钢龙骨，间距450mm×450mm，龙骨上粘贴6m厚铝塑板，尺寸如图15.5所示。试计算顶棚工程量，确定定额项目。

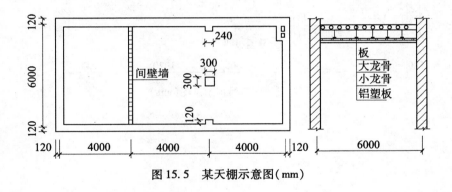

图 15.5　某天棚示意图（mm）

2. 某吊顶如图15.6所示。试计算顶棚工程量，确定定额项目。

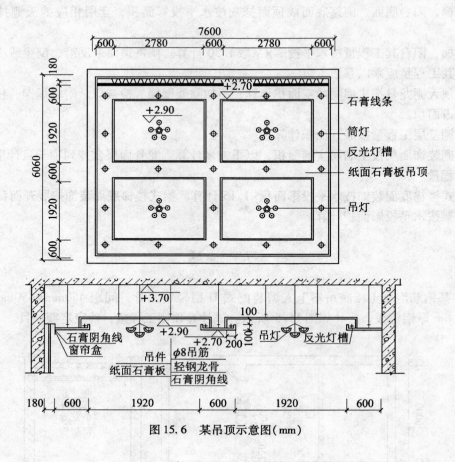

图 15.6　某吊顶示意图(mm)

学习单元 16　门窗工程

16.1　木门窗工程量

（1）普通木门、普通木窗的制作、安装工程量均按门窗洞口面积计算，如图 16.1～图 16.2所示。

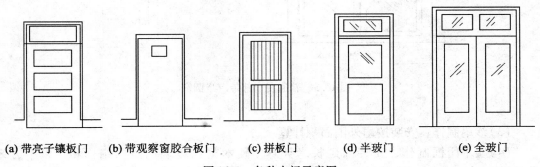

(a) 带亮子镶板门　　(b) 带观察窗胶合板门　　(c) 拼板门　　(d) 半玻门　　(e) 全玻门

图 16.1　各种木门示意图

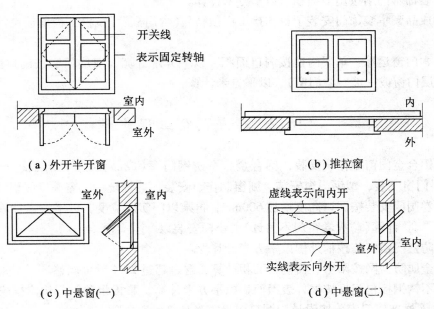

（a）外开半开窗　　　　　　　　　（b）推拉窗

（c）中悬窗(一)　　　　　　　　　（d）中悬窗(二)

图 16.2　窗的开启方式示意图

全部用冒头结构镶木板的为"镶板门扇"。全部用冒头结构镶木板及玻璃，不带玻璃棱的为"玻璃镶板门扇"。二冒以下或丁字冒，上部装玻璃，带玻璃棱的为"半截玻璃门扇"。门扇无中冒头或不带玻璃棱，全部装玻璃的为"全玻璃门扇"。

（2）普通窗上部带有半圆窗的工程量应分别按半圆窗和普通窗计算（图 16.3），以普通窗和半圆窗之间的横框上裁口线为分界线。

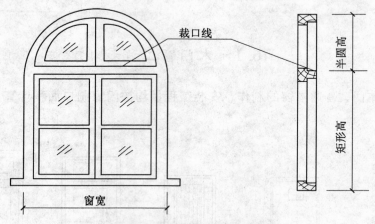

图 16.3　普通窗上部带有半圆窗

（3）纱扇制作、安装按扇外围面积计算。

（4）实木门框制作、安装以延长米计算。硬木刻花玻璃门按门扇面积，以平方米计算。

（5）装饰木门扇按门扇面积，以平方米计算。

（6）成品豪华装饰门安装子目均指工厂预制品（含门框及门扇）工程量按设计门洞面积计算。

（7）木门窗运输：单层门窗按洞口面积，以平方米计算；双层门窗按洞口面积×1.36（包括双层门窗或一玻一纱门窗），以平方米计算。

16.2　金属门窗工程量

（1）铝合金门窗制作、安装，铝合金、不锈钢门窗（成品）安装，彩板组角钢门窗安装，塑料门窗安装，塑钢门窗安装，橱窗制作、安装，均按设计门窗洞口面积计算。

（2）卷闸门安装按洞口高度增加 600mm，再乘以门实际宽度，以平方米计算；电动装置安装以"套"计算（防火卷帘门不另计），小门安装以"个"计算。

（3）防盗门窗安装按框外围以平方米计算。

（4）金属防盗网按阳台、窗洞口面积计算，含量超过 20% 者可调整。

（5）不锈钢板包门框按框外表面面积以平方米计算，彩板组角钢门窗附框安装按延长米计算，无框玻璃门安装按设计门洞口以平方米计算。

（6）电子感应门及旋转门按"樘"计算。

（7）不锈钢电动伸缩门按"樘"计算。定额含量不同时，可调整伸缩门和钢轨。

【例16.1】某单层房屋设计用铝合金窗、胶合板门，尺寸见表16.1。试计算门窗工程量。

表16.1　　　　　　　　　　　　　　　　　门窗表

门窗名称	樘数	洞口尺寸（宽×高）	形式
有亮铝合金窗 C1	3 樘	1800mm×1800mm	推拉双扇
无亮铝合金窗 C2	1 樘	1500mm×1500mm	推拉双扇
有亮胶合板门 M1	2 樘	1000mm×2400mm	平开单扇

【解】根据已知条件，应列项及工程量计算。

有亮双扇铝合金推拉窗：$1.8×1.8×3=9.72(m^2)$

无亮双扇铝合金推拉窗：$1.5×1.5=2.25(m^2)$

胶合板门单扇带亮：$1×2.4×2=4.8(m^2)$

胶合板平开门单扇带亮门五金：2 樘。

16.3　门窗套及其他

（1）防火门楣包箱按展开面积计算。

（2）包橱窗框以橱窗洞口面积计算。

（3）门窗套及包门框按展开面积，以平方米计算。包门扇及木门扇镶贴饰面板以门扇垂直投影面积计算。

（4）窗台板、筒子板及门、窗洞口上部装饰按实铺面积，以平方米计算，饰面板设计选用不同时，可另行调整，其含量不变。

（5）豪华拉手安装按"副"计算。

（6）金属防盗网制作、安装按阳台、窗户洞口面积，以平方米计算。

（7）门窗贴脸按延长米计算。

（8）窗帘盒、窗帘轨、钢筋窗帘杆均按延长米计算。

（9）门、窗洞口安装玻璃按洞口面积计算。

（10）铝合金踢脚板安装按实铺面积计算。门锁安装按"把"计算。

（11）玻璃黑板按连框外围尺寸，以垂直投影面积计算。

（12）玻璃加工：画圆孔、画线按平方米计算；钻孔按"个"计算。

（13）闭门器按"套"计算。

【例16.2】　如图16.4所示，起居室的门洞 M-4：3000mm×2000mm，设计做门套装饰。筒子板（图中 A）构造：细木工板基层，柚木装饰面层，厚30mm。筒子板（图中 B）宽300mm。贴脸构造：80mm 宽柚木装饰线脚。试计算筒子板、贴脸的工程量。

【解】筒子板工程量：$(1.97×2+2.94)×0.3=6.88×0.3=2.06(m^2)$

贴脸工程量：$1.97×2+2.94+0.08×2=7.04(m)$

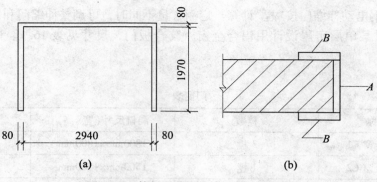

图 16.4 某起居室门装饰示意图(mm)

本单元小结

除特别说明外,门窗及橱窗工程量均以洞口面积计算。卷闸门安装按洞口高度增加600mm,再乘以门实际宽度,以平方米计算;防盗门窗安装按框外围以平方米计算。电子感应门、旋转门、不锈钢电动伸缩门按"樘"计算。

包门框、门窗套按展开表面面积计算,彩板组角钢门窗附框安装按延长米计算,包橱窗框按橱窗洞口面积计算。

习 题

1. 某宿舍楼铝合金门连窗共 100 樘,如图 16.5 所示,图示尺寸为洞口尺寸。试计算门连窗工程量。

2. 某单位车库如图 16.6 所示,安装遥控电动铝合金卷闸门(带卷筒罩)3 樘。门洞口:3700mm×3300mm,卷闸门上有一活动小门:750mm×2000mm。试计算车库卷闸门工程量。

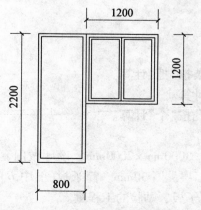

图 16.5 铝合金门连窗示意图(mm)

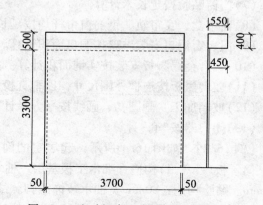

图 16.6 电动铝合金卷闸门示意图(mm)

3. 某窗台板如图 16.7 所示，门洞：1500mm×1800mm，塑钢窗居中立樘。试计算窗台板工程量。

4. 某住宅用带纱镶木板门 45 樘，洞口尺寸如图 16.8 所示。试计算带纱镶木板门相关工程量，确定定额项目。

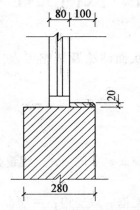

图 16.7 窗台板示意图(mm)

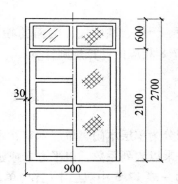

图 16.8 带纱镶木板示意图(mm)

5. 某工程的木门如图 16.9 所示，根据招标人提供的资料，为带纱(纱门扇、纱上亮)半截玻璃镶板门、双扇带亮 10 樘，木材为红松：一类薄板，洞口尺寸 1.30m×2.70m。试计算带纱相关工程量，确定定额项目。

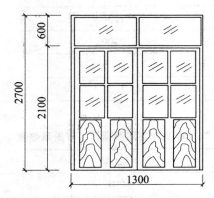

图 16.9 半截玻璃镶板门示意图(mm)

学习单元 17 油漆、涂料、裱糊工程

楼地面、天棚、墙、柱、梁面的喷（刷）涂料、抹灰面油漆及裱糊工程，均按附表 17.1～表 17.8 相应的计算规则计算。

17.1 木材面油漆

项目划分为单层木门、单层木窗、木扶手、其他木材面、木地板，工程量分别按表规定计算，并乘以表列系数，以平方米或延长米计算。

表 17.1～表 17.5 中双层木门窗（单裁口）：是指双层框、双层扇；三层（二玻一纱）：是指双层框、双层玻扇、一层纱扇。木扶手油漆为不带托板。

表 17.1   执行单层木门定额项目工程量系数表

项 目 名 称	系 数	工程量计算方法
单层木门	1.00	
一玻一纱木门	1.36	
双层（单裁口）木门	2.00	单面洞口面积×系数
单层全玻门	0.83	
木百叶门	1.25	

表 17.2   执行单层木窗定额项目工程量系数表

项 目 名 称	系 数	工程量计算方法
单层玻璃木窗	1.00	
一玻一纱木窗	1.36	
双层（单裁口）木窗	2.00	
三层（二玻一纱）木窗	2.60	单面洞口面积×系数
单层组合窗	0.83	
双层组合窗	1.13	
木百叶窗	1.50	

表 17.3 执行木扶手（不带托板）定额项目工程量系数表

项 目 名 称	系 数	工程量计算方法
木扶手（不带托板）	1.00	延长米×系数
木扶手（带托板）	2.60	
窗帘盒	2.04	
封檐板、顺水板	1.74	
单独木线条宽 100mm 以外	0.52	
单独木线条宽 100mm 以内	0.35	

表 17.4 执行其他木材面定额项目工程量系数表

项 目 名 称	系 数	工程量计算方法
木天棚（木板、纤维板、胶合板）	1.00	长×宽×系数
木护墙、木墙裙	1.00	
窗台板、筒子板、盖板、门窗套、踢脚线	1.00	
清水板条天棚、檐口	1.07	
木方格吊顶天棚	1.20	
吸音板墙面、天棚面	0.87	
暖气罩	1.28	
木间壁、木隔断	1.90	单面外围面积×系数
玻璃间壁露明墙筋	1.65	
木栅栏、木栏杆带扶手	1.82	
衣柜、壁柜	1.00	实刷展开面积×系数
零星木装修	1.10	
梁、柱饰面	1.00	

表 17.5 执行木地板定额项目工程量系数表

项 目 名 称	系 数	工程量计算方法
木地板	1.00	长×宽×系数
木楼梯（不含楼梯底面）	2.30	水平投影面积×系数

17.2 抹灰面油漆、涂料、裱糊

抹灰面油漆、涂料、裱糊工程量示数见表 17.6。

表 17.6   抹灰面油漆、涂料、裱糊工程量系数

项 目 名 称	系 数	工程量计算方法
混凝土楼梯底（板式）	1.15	水平投影面积×系数
混凝土楼梯底（梁式）	1.00	展开面积×系数
砼花格窗、栏杆花饰	1.82	单面外围面积×系数
楼地面、天棚、墙、柱、梁面	1.00	展开面积×系数

(1)腰线、檐口线、门窗套、窗台板按展开面积计算，套用 B6-311。
(2)线条按展宽划分为8cm内、12cm内、18cm内，以延长米计算，套用线条相应子目。

17.3 金属面油漆

项目划分为单层钢门窗、其他金属面、平板屋面涂刷磷化、锌黄底漆，分别按表 17.7～表 17.8 规定的工程量计算方法并乘以系数，以平方米计算。

金属构件油漆按构件涂刷面积计算工程量，套用其他金属面项目(可参考表 17.9)。

表 17.7   执行单层钢门窗定额项目工程量系数表

项 目 名 称	系 数	工程量计算方法
单层钢门窗	1.00	洞口面积×系数
一玻一纱钢门窗	1.48	
钢百叶门	2.74	
半截百叶钢门	2.22	
满钢门或包铁皮门	1.63	
钢折叠门	2.30	
射线防护门	2.96	框(扇)外围面积×系数
厂库房平开、推拉门	1.70	
铁丝网大门	0.81	
间壁	1.85	长×宽×系数
平板屋面	0.74	斜长×宽×系数
瓦垄板屋面	0.89	
排水、伸缩缝盖板	0.78	展开面积×系数
吸气罩	1.63	水平投影面积×系数

表 17.8   执行平板屋面涂刷磷化、锌黄底漆定额项目工程量系数表

项 目 名 称	系 数	工程量计算方法
平板屋面	1.00	斜长×宽×系数
瓦垄板屋面	1.20	斜长×宽×系数
排水、伸缩缝盖板	1.05	展开面积×系数
吸气罩	2.20	水平投影面积×系数
包镀锌铁皮门	2.20	洞口面积×系数

表 17.9   型钢、圆钢及零星铁件油漆工程量计算表

项 目	工 程 量	项 目	工 程 量
等边角钢 宽 36	每米 0.144cm	槽钢 20″	每米 0.7m²
等边角钢 宽 40	每米 0.16m²	工字钢 12″	每米 0.536m²
等边角钢 宽 50	每米 0.2m²	工字钢 14″	每米 0.6m²
等边角钢 宽 63	每米 0.252m²	工字钢 16″	每米 0.672m²
等边角钢 宽 70	每米 0.28m²	工字钢 18″	每米 0.736m²
等边角钢 宽 80	每米 0.32m²	工字钢 20″	每米 0.808m²
等边角钢 宽 100	每米 0.4m²	工字钢 22″	每米 0.88m²
工字钢 24″	每米 0.944m²	圆钢 ϕ22	每米 0.069m²
圆钢 ϕ18	每米 0.057m²	零星铁件油漆	每千克 0.053m²
圆钢 ϕ20	每米 0.63m²		

17.4 刷防火涂料

(1)隔墙、护壁木龙骨按其面层正立面投影面积计算。

(2)柱木龙骨按其面层外围面积计算。

(3)天棚木龙骨按其水平投影面积计算。

(4)木地板中木龙骨、毛地板按地板面积计算。

(5)墙、护壁、柱、天棚的面层及木地板刷防火涂料,执行其他木材面刷防火涂料子目。

【例 17.1】 某建筑如图 17.1 所示,外墙刷真石漆墙面,木窗连门(图 17.2),木门窗,居中立樘,框厚 80mm,墙厚 240mm。试计算外墙真石漆工程量、门窗油漆工程量。

【解】外墙面真石漆工程量 = 墙面工程量 + 洞口侧面工程量

$$= (6.24 + 4.44) \times 2 \times 4.8 - (1.76 + 1.44 + 2.7) + (7.6 + 6.6)$$
$$\times 0.08 = 97.77 (m^2)$$

门油漆工程量 $= 0.8 \times 2.2 = 1.76 (m^2)$

窗油漆工程量 = 1.8×1.5+1.2×1.2 = 3.14(m²)

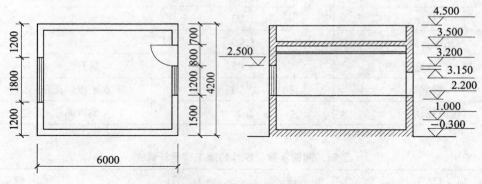

图 17.1　某建筑平面图立面图(mm)

习　题

1. 图 17.2 中，地面刷过氯乙烯涂料；木墙裙高 1000mm，上润油粉、刮腻子、油色、清漆 4 遍、磨退出亮；内墙抹灰面满刮腻子 2 遍，贴对花墙纸；挂镜线 25mm×50mm，刷底油 1 遍、调和漆 2 遍，挂镜线以上及顶棚刷乳胶漆 3 遍(光面)。试确定油漆涂料裱糊相关定额项目，计算工程量。

2. 全玻璃门尺寸如图 17.3 所示，油漆为底油 1 遍，调和漆 3 遍。试计算工程量，确定定额项目。

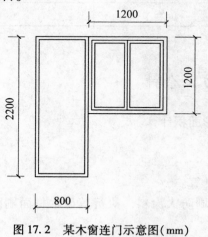

图 17.2　某木窗连门示意图(mm)

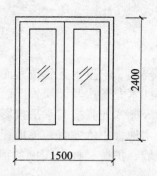

图 17.3　全玻璃门尺寸图

3. 计算图 16.4 所示门窗套聚氨酯油漆工程量。

4. 计算图 16.8、图 16.9 所示木门油漆工程量。油漆为底油 1 遍，调和漆 3 遍。

学习单元 18　脚手架工程

18.1　综合脚手架

18.1.1　综合脚手架内容

综合脚手架内容包括外墙砌筑和装修用单排、双排外脚手架；内墙砌筑用立杆式单排里脚手架和工具式里脚手架；适用计算建筑面积的一切建筑物。

18.1.2　综合脚手架的分割

当外墙砌筑和装饰脚手架需单独计算，外墙装饰脚手架使用同一外墙脚手架时，应按1∶9进行分割。一般情况下，当建筑主体与装饰是一个单位施工时，建筑工程按综合脚手架子目全部计算，装饰工程不再计算。

不是使用同一脚手架时，结构用架应从综合脚手架中扣减10%，装饰用脚手架按实际使用脚手架计算。

18.1.3　综合脚手架工程量的计算

1．综合脚手架工程量

综合脚手架工程量按建筑面积计算。

2．综合脚手架单层超高的计算

多层建筑物层高或单层建筑物高度超过6m者，每超过1m，再计算一个超高增加层，超高增加层工程量等于该层建筑面积×增加层层数。超过高度大于0.6m，按一个超高增加层计算。单层建筑物的高度，应自室外地坪至檐口滴水的高度为准。

$$单层超高工程量 = \sum [超高增加层个数 \times 超高层的建筑面积]$$

其中：(1)超高层是指多层建筑的层高(或一层建筑的檐高)超过6m的楼层，底层檐高或层高自室外设计地面算起。超高层的建筑面积应区分不同高度分别计算。

(2)增加层个数=层高或檐高−6m(小数位后大于0.6m按1个增加层计，小于等于0.6m不计)。

【例18.1】　如图18.1所示，某建筑物4层，每层建筑面积800m²，底层层高为9m，室外设计地面−0.3m，檐高18m。怎样计算综合脚手架？

【解】底层层高>6m，为超高层，超高增加层个数为9+0.3−6=3.3m，计3个增加层。超高层的建筑面积即底层建筑面积。

综合脚手架工程量＝总建筑面积＝4×800＝3200(m²)

综合脚手架增加层工程量＝超高增加层个数×超高层的建筑面积＝800×3＝2400(m²)

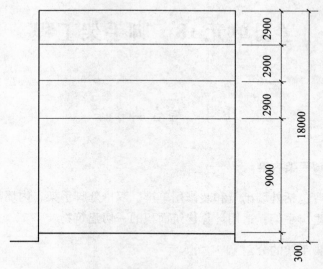

图 18.1　某建筑物立面示意图(mm)

3. 内浇外砌建筑物

内浇外砌建筑物按综合脚手架费用乘以 0.9 计算。大板、大模板建筑，按综合脚手架费用乘以 0.5 计算。

18.1.4　外脚手架超高增加费

外脚手架超高增加费中土建与装饰均需计算，套用对应专业定额子目。2008 年湖北建筑定额结构、装饰分册中外脚手架增加费的计算规则相同。

1. 计算范围

建筑物为 7～60 层或檐高 20m 以上时，均应计算外脚手架增加费。层数以设计室外地面以上自然层为准，含 2.2m 设备层。屋面有围护结构的楼梯间、机房等，只计算建筑面积，不计算高度和层数。计算外脚手架增加费时，按檐高或层数所对应的较高一级子目套用 9 层或檐高 28m 及以上的建筑物外脚手架增加费，已包含了 7～8 层(20～28m)的外脚手架超高增加费。

2. 檐高

多跨建筑物如高度不同时，应分别按照不同的高度计算。

建筑物檐高是指建筑物自设计室外地面标高至檐口滴水标高。无组织排水的滴水标高为屋面板顶，有组织排水的滴水标高为天沟板底。如图 18.2 所示。

坡屋顶，从室外设计地坪标高算至支承屋架墙的轴线与屋面板的交点；阶梯式建筑物，按高层的建筑物计算檐高；球形或曲面屋面，从室外设计地坪标高算至曲屋面与外墙轴线的接触点处。

突出主体建筑屋顶的单层电梯间、楼梯间、水箱间等不计入檐口高度和层数之内。地

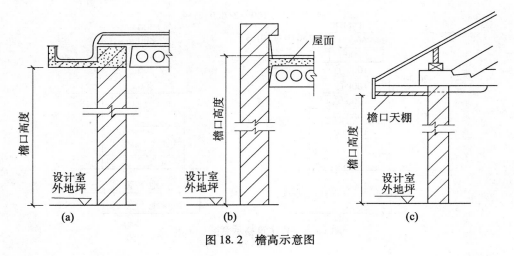

图 18.2　檐高示意图

下室不作为层数计算，但应计算建筑面积。

3. 计算方法

当上层建筑面积小于下层建筑面积的 50% 时，应按不同高度垂直分割为两部分计算。

(1)檐高 $H \leqslant 20m$，层数超过 6 层：

外脚手架增加费 = 7 ~ 8 层定额基价×6 层以上建筑面积(含屋面楼梯间、机房)

(2)$20m < H < 23.3m$(与层数无关)：

外脚手架增加费 = 7 ~ 8 层定额基价×最高一层面积(含屋面楼梯间、机房)

(3)$23.3 \leqslant H \leqslant 28$ 时：

若不足 9 层：$([(H-20)/3.3]$取整数部分×20m 以上每层平均建筑面积+不计层数的楼梯间等的建筑面积$) × 7 ~ 8$ 层定额。

若为 9 层：$([(H-20)/3.3]$取整数部分×20m 以上每层平均建筑面积+不计层数的楼梯间等的建筑面积$) × 9 ~ 12$ 层定额项目。

(4)$28m < H < 29.90m$(与层数无关)：

外脚手架增加费 = 9 ~ 12 层定额基价×3×折算层面积

(5)檐高超过 20m，除以上(2)、(3)外：

外脚手架增加费 = 对应檐高或层数的较高一级基价×超高折算层层数×折算层面积

其中，超高折算层层数 = $(H-20) \div 3.3$，余数不计，此数为虚拟折算层数。

折算层面积 = 20m 以上实际层数的面积之和÷20m 以上实际的层数

(从室外地面至楼面结构高度≥20m 的楼层算起)

【例 18.2】　如图 18.3 所示，某建筑物地下两层，每层建筑面积为 2000m²；地上 9 层，层高为 4m，1 ~ 7 层每层建筑面积为 1000m²，8 ~ 9 层每层建筑面积为 600m²，楼梯间建筑面积为 100m²。试计算综合脚手架工程费和外脚手架增加费。

【解】(1)计算综合脚手架工程费

分析：层高均未超过 6m，不计单层超高。

综合脚手架工程量 = 2000×2+1000×7+600×2+100 = 12300(m²)

(2)计算外脚手架增加费。

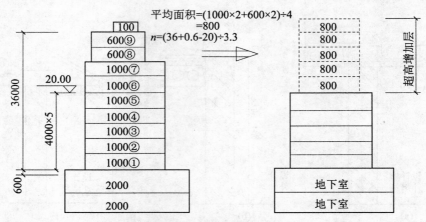

图 18.3　某建筑物示意图(mm)

分析：檐高 $H = 36m + 0.6m = 36.60m$，层数 = 9 层。

套用 9 ~ 12 层、40m 以内(A10-4)：

超高折算层层数 $= (H-20) \div 3.3 = (36.60-20) \div 3.3 = 5$ (余数不计)

折算层面积 $= (1000 \times 2 + 600 \times 2) \div 4 = 3200 \div 4 = 800 (m^2)$

外脚手架增加费工程量 = 折算层面积×超高折算层层数+不计层数与檐高的建筑面积
$$= 800 \times 5 + 100 = 4100 (m^2)$$

18.2　单项脚手架

18.2.1　现浇砼脚手架

1. 计算对象

梁：单梁、连续梁、悬臂梁、异形梁，不包括圈梁、过梁、有梁板中的梁。

柱：矩形柱、圆柱、异形柱、构造柱。

墙：砼墙、电梯井墙、大钢模墙。

计算对象不包括：圈梁、过梁、各种现浇楼板、楼梯、阳台、雨篷、砼基础，因为这些构件安装绑扎钢筋和浇砼时，不需另搭脚手架平台。

2. 计算方法

(1)施工高度 6m 内时：工程量 $= 13m^2 \times$ 现浇砼体积(m^3)，套用 3.6m 以内钢管里脚手架定额。

(2)施工高度 6 ~ 10m 时：先按 3.6m 以内钢管里脚手架定额计算，工程量 $= 13m^2 \times$ 现浇砼体积(m^3)。再增加计算单排 9m 内钢管外脚手架，工程量 $= 26m^2 \times$ 现浇砼高度 6 ~ 10m 段砼体积(m^3)。

(3)单连梁施工高度是梁顶面高度，若梁顶>6m，梁底<6m，则 6m 以上的砼部分还要每立方米另增加计算 $26m^2$ 的单排 9m 以内钢管外脚手架。

(4)施工高度在 10m 以上，按施工组织设计计算。

18.2.2　基础工程脚手架

(1)砖、石砌基础,深度超过 1.5m 时(室外自然地面以下),应按相应的里脚手架定额计算脚手架,其面积为基础底至室外地面的垂直面积。

(2)混凝土、钢筋混凝土带形基础同时满足底宽超过 1.2m、(包括工作面的宽度)深度超过 1.5m;满堂基础、独立柱基础、独立设备基础同时满足底面积超过 4m² 、深度超过 1.5m,均按水平投影面积套用基础满堂脚手架定额计算。

(3)高颈杯形钢筋混凝土基础,当基础底面至自然地面的高度超过 3m 时,应按基础底周边长度×高度计算脚手架,套用相应的单排外脚手架定额计算。

(4)砖砌、砼化粪池,当深度超过 1.5m 时,按池内净空的水平投影面积、套用基础满堂脚手架定额计算,其内外池壁脚手架按砖、石砌基础的脚手架相关规定计算。

18.2.3　装饰脚手架

1. 满堂脚手架

在施工作业面上满铺的脚手架称为满堂脚手架。

1)计算条件

凡天棚高度超过 3.6m 需抹灰或刷油者,均应计算满堂脚手架。

2)计算方法

满堂脚手架按室内净面积计算,不扣除垛、柱、附墙烟囱所占面积。

满堂脚手架高度,单层以设计室外地面至天棚底为准,楼层以室内地面或楼面至天棚底(斜天棚或斜屋面板以平均高度计算)。满堂脚手架的基本层操作高度按 5.2m 计算(即基本层高 3.6m)。每层室内天棚高度超过 5.2m 时,每超 1.2m 计算一个增加层,超过高度在 0.6m 以上时,按增加一层计算;超过高度在 0.6m 以内时,则舍去不计。如图 18.4 所示。

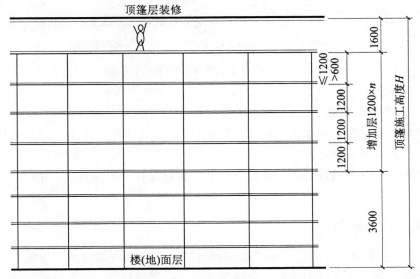

图 18.4　满堂脚手架计算示意图(mm)

【例 18.3】 某单层房屋室内净高度为 9m，净长度为 12m，净宽度为 10m。试计算满堂脚手架工程量及其增加层数。

【解】满堂脚手架工程量 $= 12 \times 10 = 120 (m^2)$

满堂脚手架增加层数 $= \dfrac{室内净高 - 5.2}{1.2} = \dfrac{9.6 - 5.2}{1.2} = 3.67(层)$

因 $0.67 \times 1.2 = 0.8 > 0.6(m)$，所以满堂脚手架增加层数为 4 层。

2. 悬空脚手架

凡室内净高超过 3.6m 的屋(楼)面板下的勾缝，刷(喷)浆，套用悬空脚手架费用计算。如不能搭设悬空脚手架，则按满堂脚手架基本层取 0.5 计算。

3. 内墙面粉饰脚手架(图 18.5)

内墙面粉饰脚手架均按内墙面垂直投影面积计算，不扣除门窗孔洞的面积。搭设 3.6m 以上钢管里脚手架时，按 9m 以内钢管里脚手架计算。但已计算满堂脚手架者，不得再计算内墙抹灰用钢管里脚手架。

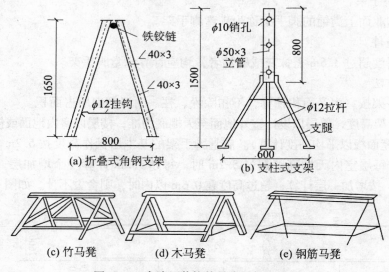

图 18.5 内墙面装饰简易脚手架示意图

4. 装饰装修外脚手架

装饰装修外脚手架按外墙的外边线×墙高，以平方米计算。外墙电动吊篮按外墙装饰面尺寸，以垂直投影面积计算。

外脚手架及电动吊篮仅适用于单独承包装饰装修工作面高度在 1.2m 以上的需重新搭设脚手架的工程。

18.2.4 其他脚手架

(1)围墙脚手架，按相应的里脚手架定额计算，其高度应以自然地坪至围墙顶，如围墙顶上装金属网者，其高度应算至金属网顶，长度按围墙的中心线，以平方米计算，不扣除围墙门所占的面积，但独立门柱砌筑用的脚手架也不增加。

（2）凡室外单独砌筑砖、石挡土墙和沟道墙，高度超过 1.2m 以上时，按单面垂直墙面面积套用相应的里脚手架定额计算。

（3）室外单独砌砖、石独立柱、墩及突出屋面的砖烟囱，按外围周长另加 3.6m，再乘以实砌高度计算相应的单排外脚手架费用。计算公式：

$$独立柱脚手架工程量＝（柱周长＋3.6m）×柱高$$

（4）砌二砖及二砖以上的砖墙，除按综合脚手架计算外，另按单面垂直砖墙面面积增计单排外脚手架。

本单元小结

1. 土建工程一般要计算综合脚手架、砼构件脚手架；满足一定条件时，可能要计算外脚手架高层增加费、基础脚手架。

2. 装饰工程可能要计算外脚手架、外脚手架高层增加费、满堂脚手架。

3. 当脚手架超高时，土建与装饰均需计算外脚手架高层增加费项目。要注意掌握不同情况下高增加费的计算方法。仅当土建与装饰由不同企业施工时，装饰工程才单独计算外脚手架。

习　　题

1. 某七层砖混住宅平面如图 18.6 所示，女儿墙顶面标高 20.8m，楼层高 2.9m，楼板厚 120mm，室内外高差 0.3m。试计算该工程脚手架工程量。

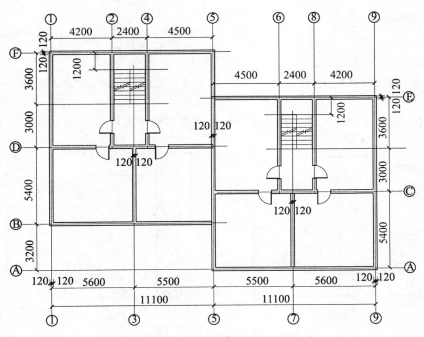

图 18.6　某七层砖混住宅平面图（mm）

2. 某建筑物，地下室 1 层，层高 4.2m，建筑面积 2000m²；裙房共 5 层，层高 4.5m，室外标高-0.6m，每层建筑面积 2000m²，裙房屋面标高 22.5m；塔楼共 15 层，每层 3m，每层建筑面积 800m²，塔楼屋面标高 67.5m，上有一出屋面的梯间和电梯机房，层高 3m，建筑面积 50m²。如图 18.7 所示，采用塔吊施工，试计算该建筑物 20m 以上外脚手架增加费。

3. 某工程结构平面图和剖面图如图 18.8 所示，板顶标高为 6.3m，现浇板底抹水泥砂浆，搭设满堂钢管脚手架。试计算满堂钢管脚手架工程量，确定定额项目。

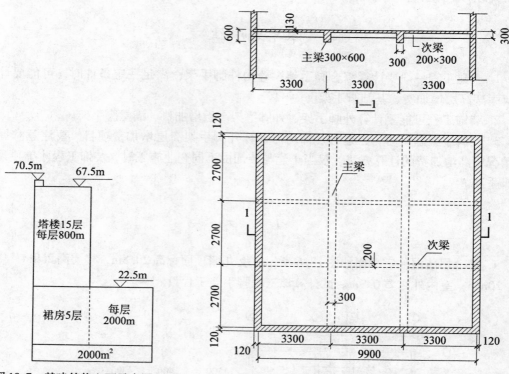

图 18.7 某建筑物立面示意图(mm)　　　　图 18.8 某工程结构平面图和剖面图(mm)

4. 根据图 18.9 所示尺寸，计算建筑物外墙脚手架工程量。

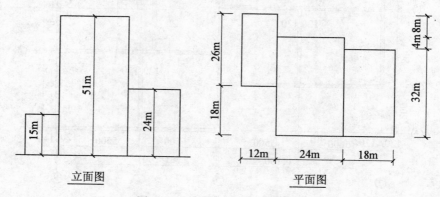

图 18.9 某建筑平面立面示意图

学习单元 19　垂直运输工程

19.1　一般规定

（1）垂直运输项目土建与装饰均需计算，套用对应专业定额子目。2008 年湖北建筑定额结构、装饰分册中垂直运输的计算规则相同。

（2）建筑物垂直运输工程量按建筑面积计算。构筑物以"座"计算。

（3）垂直运输工程量及运输机械的选用取决于三个因素：建筑面积、层数、高度。

定额以建筑面积为工程量指标，按层数、高度划分不同基价套项（地下室、屋顶有围护结构的楼梯间、电梯间、水箱间、塔楼等只计建筑面积，不计高度和层数）：

①定额基价由檐高或层数决定，套项时就高不就低；

②超高增加费：檐高 20m 以上或者 6 层以上均为超高，增加费内容包括：人工降效、施工用水加压、排渣、人员交通、通信、照明、避雷等；

③当上层建筑面积小于下层面积的 50% 时，应垂直分割成两部分，分别按不同高度、层数套用定额计算；

④凡套用了 7～8 层子目者，余下建筑面积还应套用 1～6 层子目；

⑤地下室及垂直分割后的高层范围外的 1～6 层（檐高 20m 以内）裙房面积，套用 1～6 层子目。

（4）塔吊基础（图 19.1）、门架基础等费用未包括在定额内，发生时，应根据建设方批准的施工方案，据实计算。

图 19.1　某塔吊基础施工

（5）主体结构封顶完成后的乱危楼改造工程垂直运输按比例计算，具体数额发承包双方协商。

19.2　计算方法

19.2.1　当檐高 $H \leqslant 20\text{m}$ 时

（1）若为6层以内，则：

6层以内垂直运输 = 1~6层定额基价×总建筑面积（含地下室及屋面楼梯间等）

（2）若为7层，则：

6层以内垂直运输基本费 = 1~6层定额基价×1~6层建筑面积（含地下室）

7层垂直运输基本费及增加费 = 7~8层定额基价×7层建筑面积（含屋面楼梯间、机房）

19.2.2　当 $20\text{m}<H<23.3\text{m}$（与层数无关）时

最高一层垂直运输基本费及增加费 = 7~8层定额基价×最高一层面积（含屋面楼梯间、机房）

余下面积垂直运输基本费 = 1~6层定额基价×余下面积（含地下室）

19.2.3　当 $23.3\text{m} \leqslant H \leqslant 28\text{m}$ 时

（1）若为8层以内（即不足9层）：

超高增加层垂直运输基本费及增加费 = 7~8层基价×超高折算层层数×折算层面积

余下面积垂直运输基本费 = 1~6层基价×余下面积（含地下室）

其中：超高折算层层数 = $(H-20)\div3.3$，余数不计，此数为虚拟折算层数。

折算层面积 = 20m以上实际层数面积之和÷20m以上实际层数

从室外地面至楼面结构高度≥20m的楼层算起。

（2）若为9层及以上：

全部垂直运输基本费及超高层增加费 = 9~12层基价×超高折算层层数×折算层面积

地下室、垂直分割在高层范围外的1~6层裙楼面积均应套用1~6层基价，下同。

19.2.4　当 $28\text{m}<H \leqslant 29.9\text{m}$（按3个增加层计）时

垂直运输基本费及超高层增加费 = 9~12层基价×3×折算层面积

19.2.5　当 $H>29.9\text{m}$（与层数无关）时

垂直运输基本费及超高层增加费 = 9层（或29.9m）以上相应基价×超高折算层层数×折算层面积

【例19.1】　如图18.3所示，某建筑物地下两层，每层建筑面积为2000m²；地上9层，层高为4m，1~7层每层建筑面积为1000m²，8~9层每层建筑面积为600m²，楼梯间建筑面积为100m²。采用塔吊施工。试计算垂直运输费。

【解】(1)本例檐高 36.60m，层数 9 层，应按檐高>29.90m 一档计算，地面以上与层数无关。

套用定额 9~12 层、40m 以内 A11-5，超高折算层层数=(36.60−20)÷3.3=5(余数不计)

折算层面积=(1000×2+600×2)÷4=3200÷4=800(m²)

工程量=800×5+100=4100(m²)

(2)地下室套用20m(且6层)内塔吊 A11-2，工程量=2000×2=4000(m²)

【例 19.2】 某建筑物檐高 27m，8 层，塔吊施工，总建筑面积 6700m²，其中1~4 层为每层 1000m² 层高 3.6m，5、6 层为每层 700m²，7、8 层为每层 600m²，层高均为 3m。电梯机房 100m²，室外设计地面标高为−0.6m。试计算垂直运输工程量。

【解】分析：本例檐高 27m，层数 8 层，适用 23.3~28m 一档中 8 层(含)以下计算规则。

查得 7~8 层塔吊 20~28m　A11-4，20m(且 6 层)内塔吊 A11-2。

计算：7 层楼面高度=3.6×4+0.6+3×2=21(m)

所以 7、8 层为 20m 以上实际两层。

超高折算层层数=(27−20)÷3.3=2(余数不计)

折算层面积=(600×2)÷2=600(m²)

超高折算层垂直运输基本费及增加费(7~8 层)工程量=超高折算层层数×折算层面积
=600×2+100=1300(m²)

余下面积垂直运输基本费(1~6 层)工程量=余下面积=1000×4+700×2=5400(m²)

【例 19.3】 某建筑物(图 19.2)，室外标高−0.3；地下一层，层高 4.5m，建筑面积 1500m²；1~15 层每层建筑面积 1000m²，7 层楼面标高为 19.7m，15 层部分檐口高度为 36m；16~18 层每层 800m²，18 层部分檐口高度为 50m；19~20 层每层 300m²，20 层部分檐口高度为 63m，屋面有梯间，建筑面积 20m²，层高 3m。采用塔吊施工。试计算垂直运输工程量。

【解】分析：7 层楼面标高为 19.7m，则六层檐口高度为 19.7+0.3=20(m)。

(1)确定建筑物三个不同标高的建筑面积是否垂直分割。

檐口高度 36m~50m 间：800÷1000=0.8>50%，不应垂直分割计算；

檐口高度 50m~63m 间：300÷800=0.375<50%，应垂直分割成两部分，地下室除外(图 19.3)。

①1~20 层，檐高 63m，建筑面积 300m²；

②1~18 层，檐高 50m，建筑面积：16~18 层为 800−300=500(m²)，1~15 层为 1000−300=700(m²)。

(2)垂直运输及超高增加费的计算。

①7~20 层，檐高 63m：

折算层数=(63−20)÷3.3=13.03，因此折算层数取为 13 层。

工程量 S=300×13+20=3920(m²)，套用 A11-8。

②7~18 层，檐高 50m：

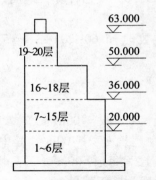

图 19.2　某建筑物立面示意图

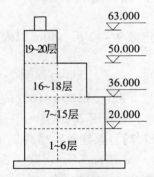

图 19.3　某建筑物立面垂直分割示意

16 ~ 18 层共三层，每层 500m²；

7 ~ 15 层共 9 层，每层 700m²。

折算层数：（50–20）÷3.3 = 9.09，按 9 层建筑面积之和计算超高。

工程量计算式如下：

$$S = \frac{9 \times 700 + 3 \times 500}{3 + 9} \times 9 = 5850 \, (m^2)，套用 A11\text{-}7。$$

③地下室垂直运输工程量为 1500m²，套用 A11-2。

本单元小结

1. 土建与装饰均需计算垂直运输及垂直运输高层增加费项目。要注意掌握不同情况下高层增加费的计算方法。

2. 四项超高增加费计算比较（表 19.1）。

（1）模板支撑高度超高：定额取定高度 3.6m，以支撑最大高度每超过 1m（含不足 1m）计 1 个增加层；

（2）综合脚手架：定额取定高度（层高或檐高）6m，以层高或檐高每超过 1m（含大于 0.6m）计 1 个增加层；

（3）满堂脚手架：定额取定基本操作高度 5.2m，以天棚高度每超过 1.2m（含大于 0.6m）计 1 个增加层；

（4）外脚手架和垂直运输：定额取定檐高 20m，以檐高每超过 3.3m（余数不计）折算 1 个增加层。

表 19.1　　　　　　模板支撑、脚手架、垂直运输超高增加费处理方案比较

项目名称	定额取定高度、层数	超高增加层高度	超高增加层层数	余数处理	工程量计算
板支撑超高增加费	3.6m	1.0m	$n = H - 3.6$	含不足 1m	超高部分接触面积×n

续表

项目名称	定额取定高度、层数	超高增加层高度	超高增加层层数	余数处理	工程量计算
综合脚手架超高增加费	6.0m	1.0m	$n = H - 6$	含大于0.6m	超高层建筑面积×n
满堂脚手架超高增加费	5.2m	1.2m	$n = (H - 5.2) \div 1.2$	含大于0.6m	室内净面积（含柱垛）×n
外脚手架和垂直运输高层增加费	20.0m或6层	3.3m	超高折算层 $n = (H - 20) \div 3.3$	余数不计	超高折算层面积×n 折算层面积＝20m以上实际平均每层建筑面积

习   题

1. 现有一建筑物为框架结构，檐高为24m，第七层层高为4.6m。试计算垂直运输工程量及并列项。

2. 现有一建筑物为框架结构，地上十层，地下一层，建筑物檐口标高为36m，设计室外地坪标高为−0.9m，地下室层高3.6m。试计算垂直运输费用。

3. 某工程檐高22.1m，共7层，顶层层高3.2m，其余各层层高3.0m，每层建筑面积均为800m²。试计算垂直运输费用。

4. 某工程檐高48.7m，共15层，顶层层高3.6m，其余层高3.0m，在11层到12层之间有一层高为2.2m的管道技术层，其底板标高为33m，各层面积均为500m²。试计算该垂直运输费用超高增加费。

5. 某四星级宾馆如图19.4所示，其内装修由建设单位单独发包。试计算垂直运输机械工程量，确定定额项目。

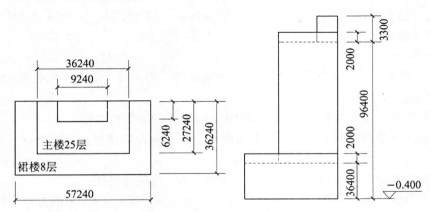

图19.4 某建筑平面立面示意图（mm）

学习单元 20　建筑工程施工图预算

20.1　建筑安装工程费用项目组成

20.1.1　按费用构成要素划分

建筑安装工程费按照费用构成要素定义，由人工费、材料(包含工程设备，下同)费、施工机具使用费、企业管理费、利润、规费和税金组成，其中，人工费、材料费、施工机具使用费、企业管理费和利润包含在分部分项工程费、措施项目费、其他项目费中(图20.1)。

1. 人工费

人工费是指按工资总额构成规定，支付给从事建筑安装工程施工的生产工人和附属生产单位工人的各项费用。内容包括：

(1)计时工资或计件工资：是指按计时工资标准和工作时间或对已做工作按计件单价支付给个人的劳动报酬。

(2)奖金：是指支付给超额劳动和增收节支个人的劳动报酬，如节约奖、劳动竞赛奖等。

(3)津贴补贴：是指为了补偿职工特殊或额外的劳动消耗和因其他特殊原因支付给个人的津贴，以及为了保证职工工资水平不受物价影响而支付给个人的物价补贴，如流动施工津贴、特殊地区施工津贴、高温(寒)作业临时津贴、高空津贴等。

(4)加班加点工资：是指按规定支付的在法定节假日工作的加班工资和在法定日工作时间外延时工作的加点工资。

(5)特殊情况下支付的工资：是指根据国家法律、法规和政策规定，因病、工伤、产假、计划生育假、婚丧假、事假、探亲假、定期休假、停工学习、执行国家或社会义务等原因按计时工资标准或计时工资标准的一定比例支付的工资。

2. 材料费

材料费是指施工过程中耗费的原材料、辅助材料、构配件、零件、半成品或成品、工程设备的费用。内容包括：

(1)材料原价：是指材料、工程设备的出厂价格或商家供应价格。

(2)运杂费：是指材料、工程设备自来源地运至工地仓库或指定堆放地点所发生的全部费用。

(3)运输损耗费：是指材料在运输装卸过程中不可避免的损耗。

(4)采购及保管费：是指为组织采购、供应和保管材料、工程设备的过程中所需要的各项费用，包括采购费、仓储费、工地保管费、仓储损耗。

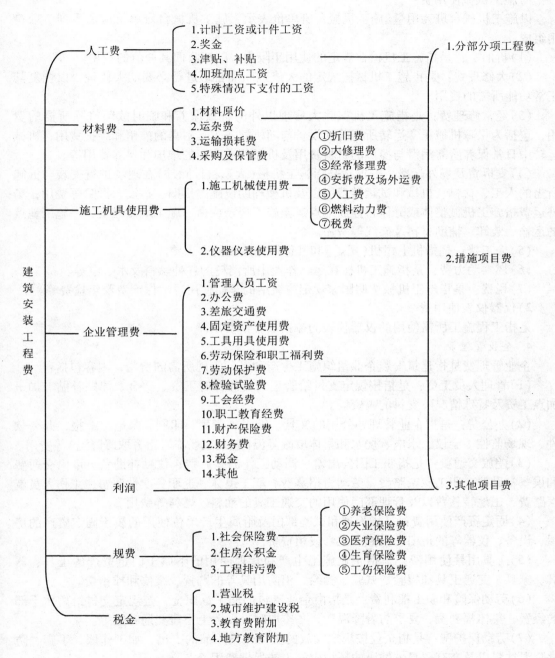

图 20.1　建筑安装工程费用项目组成表（按费用构成要素划分）

工程设备是指构成或计划构成永久工程一部分的机电设备、金属结构设备、仪器装置及其他类似的设备和装置。

3. 施工机具使用费

施工机具使用费是指施工作业所发生的施工机械、仪器仪表使用费或其租赁费。

1）施工机械使用费

以施工机械台班耗用量×施工机械台班单价表示，施工机械台班单价应由下列 7 项费用组成：

（1）折旧费：是指施工机械在规定的使用年限内，陆续收回其原值的费用。

（2）大修理费：是指施工机械按规定的大修理间隔台班进行必要的大修理，以恢复其正常功能所需的费用。

（3）经常修理费：是指施工机械除大修理以外的各级保养和临时故障排除所需的费用，包括为保障机械正常运转所需替换设备与随机配备工具附具的摊销和维护费用，机械运转中日常保养所需润滑与擦拭的材料费用及机械停滞期间的维护和保养费用等。

（4）安拆费及场外运费：安拆费是指施工机械（大型机械除外）在现场进行安装与拆卸所需的人工、材料、机械和试运转费用以及机械辅助设施的折旧、搭设、拆除等费用；场外运费指施工机械整体或分体自停放地点运至施工现场或由一施工地点运至另一施工地点的运输、装卸、辅助材料及架线等费用。

（5）人工费：是指机上司机（司炉）和其他操作人员的人工费。

（6）燃料动力费：是指施工机械在运转作业中所消耗的各种燃料及水、电等。

（7）税费：是指施工机械按照国家规定应缴纳的车船使用税、保险费及年检费等。

2）仪器仪表使用费

是指工程施工所需使用的仪器仪表的摊销及维修费用。

4．企业管理费

企业管理费是指建筑安装企业组织施工生产和经营管理所需的费用，内容包括：

（1）管理人员工资：是指按规定支付给管理人员的计时工资、奖金、津贴补贴、加班加点工资及特殊情况下支付的工资等。

（2）办公费：是指企业管理办公用的文具、纸张、账表、印刷、邮电、书报、办公软件、现场监控、会议、水电、烧水和集体取暖降温（包括现场临时宿舍取暖降温）等费用。

（3）差旅交通费：是指职工因公出差、调动工作的差旅费、住勤补助费、市内交通费和误餐补助费，职工探亲路费，劳动力招募费，职工退休、退职一次性路费，工伤人员就医路费，工地转移费以及管理部门使用的交通工具的油料、燃料等费用。

（4）固定资产使用费：是指管理和试验部门及附属生产单位使用的属于固定资产的房屋、设备、仪器等的折旧、大修、维修或租赁费。

（5）工具用具使用费：是指企业施工生产和管理使用的不属于固定资产的工具、器具、家具、交通工具和检验、试验、测绘、消防用具等的购置、维修和摊销费。

（6）劳动保险和职工福利费：是指由企业支付的职工退职金、按规定支付给离休干部的经费，集体福利费、夏季防暑降温费、冬季取暖补贴、上下班交通补贴等。

（7）劳动保护费：是指企业按规定发放的劳动保护用品的支出，如工作服、手套、防暑降温饮料以及在有碍身体健康的环境中施工的保健费用等。

（8）检验试验费：是指施工企业按照有关标准规定，对建筑以及材料、构件和建筑安装物进行一般鉴定、检查所发生的费用，包括自设试验室进行试验所耗用的材料等费用。不包括新结构、新材料的试验费，对构件做破坏性试验及其他特殊要求检验试验的费用和建设单位委托检测机构进行检测的费用，此类检测发生的费用，由建设单位在工程建设其他费用中列支。但对施工企业提供的具有合格证明的材料进行检测不合格的，该检测费用由施工企业支付。

（9）工会经费：是指企业按我国《工会法》规定的全部职工工资总额比例计提的工会经费。

（10）职工教育经费：是指按职工工资总额的规定比例计提，企业为职工进行专业技术和职业技能培训，专业技术人员继续教育、职工职业技能鉴定、职业资格认定以及根据需要对职工进行各类文化教育所发生的费用。

（11）财产保险费：是指施工管理用财产、车辆等的保险费用。

（12）财务费：是指企业为施工生产筹集资金或提供预付款担保、履约担保、职工工资支付担保等所发生的各种费用。

（13）税金：是指企业按规定缴纳的房产税、车船使用税、土地使用税、印花税等。

（14）其他：包括技术转让费、技术开发费、投标费、业务招待费、绿化费、广告费、公证费、法律顾问费、审计费、咨询费、保险费等。

（15）企业管理费费率计算方法。

①以分部分项工程费为计算基础：

$$企业管理费费率 = \frac{生产工人年平均管理费}{年有效施工天数 \times 人工单价} \times 人工费占分部分项工程费比例（\%）$$

②以人工费和机械费合计为计算基础：

$$企业管理费费率 = \frac{生产工人年平均管理费}{年有效施工天数 \times （人工单价 + 每一工日机械使用费）} \times 100\%$$

③以人工费为计算基础：

$$企业管理费费率 = \frac{生产工人年平均管理费}{年有效施工天数 \times 人工单价} \times 100\%$$

上述公式适用于施工企业投标报价时自主确定管理费，是工程造价管理机构编制计价定额确定企业管理费的参考依据。

工程造价管理机构在确定计价定额中企业管理费时，应以定额人工费或（定额人工费+定额机械费）作为计算基数，其费率根据历年工程造价积累的资料，辅以调查数据确定，列入分部分项工程和措施项目中。

5. 利润

利润是指施工企业完成所承包工程获得的盈利。

计算方法如下：

（1）施工企业根据企业自身需求并结合建筑市场实际自主确定，列入报价中。

（2）工程造价管理机构在确定计价定额中利润时，应以定额人工费或（定额人工费+定额机械费）作为计算基数，其费率根据历年工程造价积累的资料，并结合建筑市场实际确定，以单位（单项）工程测算，利润在税前建筑安装工程费的比重可按不低于5%且不高于7%的费率计算。利润应列入分部分项工程和措施项目中。

6. 规费

1）规费定义

规费是指按国家法律、法规规定，由省级政府和省级有关权力部门规定必须缴纳或计取的费用。包括：

（1）社会保险费：

养老保险费：是指企业按照规定标准为职工缴纳的基本养老保险费。

失业保险费：是指企业按照规定标准为职工缴纳的失业保险费。

医疗保险费：是指企业按照规定标准为职工缴纳的基本医疗保险费。

生育保险费：是指企业按照规定标准为职工缴纳的生育保险费。

工伤保险费：是指企业按照规定标准为职工缴纳的工伤保险费。

(2)住房公积金：是指企业按规定标准为职工缴纳的住房公积金。

(3)工程排污费：是指按规定缴纳的施工现场工程排污费。

其他应列而未列入的规费，按实际发生计取。

2)规费计算方法

(1)社会保险费和住房公积金。社会保险费和住房公积金应以定额人工费为计算基础，根据工程所在地省、自治区、直辖市或行业建设主管部门规定费率计算。

$$社会保险费和住房公积金 = \sum (工程定额人工费 \times 社会保险费和住房公积金费率)$$

式中，社会保险费和住房公积金费率可以每万元发承包价的生产工人人工费和管理人员工资含量与工程所在地规定的缴纳标准综合分析取定。

(2)工程排污费。工程排污费以及其他应列而未列入的规费应按工程所在地环境保护等部门规定的标准缴纳，按实计取列入。

7. 税金

1)有关概念

税金是指国家税法规定的应计入建筑安装工程造价内的营业税、城市维护建设税、教育费附加以及地方教育附加。

营业税按照工程收入的 3% 的计算缴纳。

城市维护建设税按实际缴纳的营业税税额计算缴纳。税率分别为 7%（城区）、5%（郊区）、1%（农村）。计算公式：

$$应纳城市维护建设税额 = 营业税税额 \times 税率$$

教育费附加，按实际缴纳营业税的税额计算缴纳，附加税率为 3%。计算公式：

$$应交教育费附加额 = 营业税税额 \times 费率$$

地方教育附加按实际缴纳营业税的税额计算缴纳，附加税率为 2%。计算公式：

$$应交地方教育费附加额 = 营业税税额 \times 费率$$

2)税金计算公式

$$税金 = 税前造价 \times 综合税率(\%)$$

综合税率：

(1)纳税地点在市区的企业：

$$综合税率(\%) = \frac{1}{1-3\% - (3\% \times 7\%) - (3\% \times 3\%) - (3\% \times 2\%)} - 1$$

(2)纳税地点在县城、镇的企业：

$$综合税率(\%) = \frac{1}{1-3\% - (3\% \times 5\%) - (3\% \times 3\%) - (3\% \times 2\%)} - 1$$

(3)纳税地点不在市区、县城、镇的企业：

$$综合税率(\%) = \frac{1}{1-3\% - (3\% \times 1\%) - (3\% \times 3\%) - (3\% \times 2\%)} - 1$$

(4)实行营业税改增值税的，按纳税地点现行税率计算。

20.1.2　按造价形成划分

建筑安装工程费按照工程造价的形成定义，由分部分项工程费、措施项目费、其他项目费、规费、税金组成，其中，分部分项工程费、措施项目费、其他项目费包含人工费、材料费、施工机具使用费、企业管理费和利润（图 20.2）。

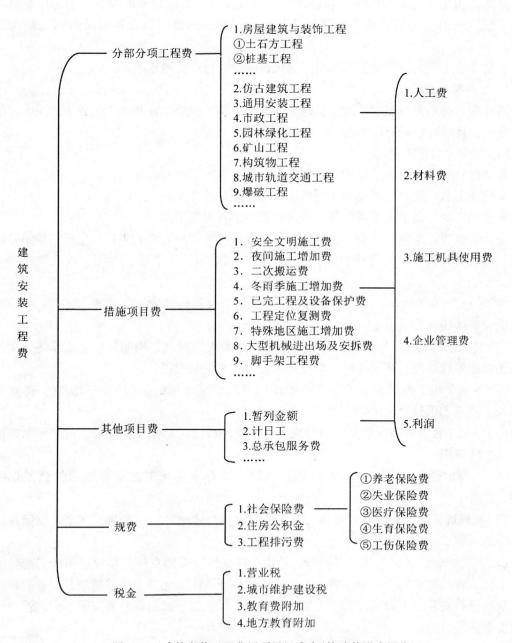

图 20.2　建筑安装工程费用项目组成表（按造价形成划分）

1. 分部分项工程费

分部分项工程费是指各专业工程的分部分项工程应予列支的各项费用。

专业工程：是指按现行国家计量规范划分的房屋建筑与装饰工程、仿古建筑工程、通用安装工程、市政工程、园林绿化工程、矿山工程、构筑物工程、城市轨道交通工程、爆破工程等各类工程。

分部分项工程：是指按现行国家计量规范对各专业工程划分的项目，如房屋建筑与装饰工程划分的土石方工程、地基处理与桩基工程、砌筑工程、钢筋及钢筋混凝土工程等。

各类专业工程的分部分项工程划分见现行国家或行业计量规范。

2. 措施项目费

措施项目费是指为完成建设工程施工，发生于该工程施工前和施工过程中的技术、生活、安全、环境保护等方面的费用。内容包括：

(1)安全文明施工费：

环境保护费：是指施工现场为达到环保部门要求所需要的各项费用。

文明施工费：是指施工现场文明施工所需要的各项费用。

安全施工费：是指施工现场安全施工所需要的各项费用。

临时设施费：是指施工企业为进行建设工程施工所必须搭设的生活和生产用的临时建筑物、构筑物和其他临时设施费用，包括临时设施的搭设、维修、拆除、清理费或摊销费等。

(2)夜间施工增加费：是指因夜间施工所发生的夜班补助费、夜间施工降效、夜间施工照明设备摊销及照明用电等费用。

(3)二次搬运费：是指因施工场地条件限制而发生的材料、构配件、半成品等一次运输不能到达堆放地点，必须进行二次或多次搬运所发生的费用。

(4)冬雨季施工增加费：是指在冬季或雨季施工需增加的临时设施，防滑、排除雨雪，人工及施工机械效率降低等费用。

(5)已完工程及设备保护费：是指竣工验收前，对已完工程及设备采取的必要保护措施所发生的费用。

(6)工程定位复测费：是指工程施工过程中进行全部施工测量放线和复测工作的费用。

(7)特殊地区施工增加费：是指工程在沙漠或其边缘地区、高海拔、高寒、原始森林等特殊地区施工增加的费用。

(8)大型机械设备进出场及安拆费：是指机械整体或分体自停放场地运至施工现场或由一个施工地点运至另一个施工地点，所发生的机械进出场运输及转移费用，以及机械在施工现场进行安装、拆卸所需的人工费、材料费、机械费、试运转费和安装所需的辅助设施的费用。

(9)脚手架工程费：是指施工需要的各种脚手架搭、拆、运输费用以及脚手架购置费的摊销(或租赁)费用。

措施项目及其包含的内容详见各类专业工程的现行国家或行业计量规范。

(10)国家计量规范规定不宜计量的措施项目计算方法如下：

①安全文明施工费：

$$安全文明施工费 = 计算基数 \times 安全文明施工费费率(\%)$$

计算基数应为定额基价(定额分部分项工程费+定额中可以计量的措施项目费)、定额人工费或(定额人工费+定额机械费)，其费率由工程造价管理机构根据各专业工程的特点综合确定。

②夜间施工增加费：

$$夜间施工增加费 = 计算基数 \times 夜间施工增加费费率(\%)$$

③二次搬运费：

$$二次搬运费 = 计算基数 \times 二次搬运费费率(\%)$$

④冬雨季施工增加费：

$$冬雨季施工增加费 = 计算基数 \times 冬雨季施工增加费费率(\%)$$

⑤已完工程及设备保护费：

$$已完工程及设备保护费 = 计算基数 \times 已完工程及设备保护费费率(\%)$$

上述②~⑤项措施项目的计费基数应为定额人工费或(定额人工费+定额机械费)，其费率由工程造价管理机构根据各专业工程特点和调查资料综合分析后确定。

3. 其他项目费

暂列金额：是指建设单位在工程量清单中暂定，并包括在工程合同价款中的一笔款项。用于施工合同签订时尚未确定或者不可预见的所需材料、工程设备、服务的采购，施工中可能发生的工程变更、合同约定调整因素出现时的工程价款调整以及发生的索赔、现场签证确认等的费用。

计日工：是指在施工过程中，施工企业完成建设单位提出的施工图纸以外的零星项目或工作所需的费用。

总承包服务费：是指总承包人为配合、协调建设单位进行的专业工程发包，对建设单位自行采购的材料、工程设备等进行保管以及施工现场管理、竣工资料汇总整理等服务所需的费用。

4. 规费

规费定义见上一节内容。

5. 税金

税金定义见上一节内容。

20.2　建筑工程定额计价(施工图预算)费用的计算

本节内容以《湖北省建筑安装工程费用定额》(鄂建文[2008]206号文)为例。

建筑工程定额计价(施工图预算)费用组成中，人工费、材料费、机械使用费(合称直接费)可通过预算定额计算，计算公式为

$$直接费 = \sum （工程量 \times 定额基价）$$

按照工程量计算规则计算出工程量后，就要套用相应定额项目计取定额基价，然后计算定额直接费。

计算工程量是计算相应定额项目的工程量，套用定额是套用相应定额项目的定额基价，都涉及项目列项的问题。项目列项不正确，就会出现重复计算或漏算的问题。因此，要熟悉定额相关说明，正确应用定额。

建筑工程定额计价（施工图预算）费用组成中，施工组织措施费、间接费（管理费、规费）、利润、税金的一般计算公式为

$$其他费用=计算基数\times费率$$

20.2.1 湖北省各专业工程的计费基础

表 20.1 中"人工费与机械费之和"是指分部分项工程直接工程费和技术措施直接工程费中的人工费及机械费之和。

表 20.1 各专业工程的计费基础表

工程分类 / 专业	以人工费与机械费之和为计费基数的工程	以直接费（直接工程费）为计费基数的工程
建筑工程	钢结构工程	除钢结构工程外的建筑工程
装饰装修工程	装饰装修工程	
安装工程	炉窑砌筑工程除外的安装工程	炉窑砌筑工程
市政工程	给、排水、煤气工程中的金属管道、预应力管道、塑料管道、复合管道、设备安装、刷油防腐工程、交通标志、标线	除"以人工费与机械费之和"为计费基数所规定范围外的市政工程
园林绿化工程	园林绿化及养护、琉璃砌筑、楼地面、木结构、屋面工程、抹灰、油漆、彩画工程、小品工程	除"以人工费与机械费之和"为计费基数所规定范围外的园林绿化工程
大型土石方工程	大型土石方工程	

大型土石方工程：适用于修筑堤坝、人工河、人工湖、场地平整，各专业工程中一次性单挖、单填 $6000m^3$ 以上的土石方工程。

建筑、装饰、钢结构、安装工程 $6000m^3$ 以下的土方工程，以直接费（直接工程费）为计费基数，执行建筑工程相应费率。市政工程 $6000m^3$ 以下的土方工程，以直接费（直接工程费）为计费基数，执行市政工程相应费率。

20.2.2 费率标准

1. 组织措施费（表 20.2、表 20.3）

表 20.2 安全文明施工费费率表 （单位:%）

专 业	建筑工程			大型土石方工程	钢结构工程	装饰装修工程
建筑物划分	12 层以下（≤40m）	12 层以上（>40m）	工业厂房			
计费基数	直接工程费+技术措施直接工程费			人工费+机械费		
费 率	4.15	3.80	3.35	3.6	10.55	9.45
其中 安全防护费	2.25	2.25	1.55	1.10	5.50	5.35
文明施工与环境保护费	1.15	0.75	1.00	1.50	2.55	2.10
临时设施费	0.75	0.80	0.80	1.00	2.50	2.00

表 20.3 其他组织措施费费率表 （单位:%）

工程分类	以直接费（直接工程费）为计费基数的工程	以人工费与机械费之和为计费基数的工程
计费基数	直接工程费+技术措施直接工程费	人工费+机械费
费 率	0.60	1.90
其中 夜间施工	0.05	0.20
二次搬运	按施工组织设计	
冬雨季施工增加费	0.15	0.40
生产工具用具使用费	0.35	1.15
工程定位、点交、场地清理费	0.05	0.15

2. 间接费（表 20.4、表 20.5）

大型土石方工程以"人工费+机械费"为基数，执行"以直接费（直接工程费）为计费基数的工程"的费率，计取各项规费。

表 20.4 企业管理费费率表 （单位:%）

专 业	建筑工程	大型土石方工程	钢结构工程	装饰装修工程
计费基数	直接工程费+技术措施直接工程费	人工费+机械费		
费 率	5.45	5.5	15	15

表20.5   **规费费率表**   （单位:%）

工程分类			以直接费（直接工程费） 为计费基数的工程	以人工费与机械费之和 为计费基数的工程
计费基数			直接费+施工管理费+利润+其他项目费+价差	人工费+机械费
费 率			6.35	17.80
其 中		工程排污费	0.35	1.15
		社会保障金	4.70	13.10
	其 中	养老保险金	3.00	8.55
		失业保险金	0.30	0.85
		医疗保险金	0.95	2.50
		工伤保险金	0.30	0.80
		生育保险金	0.15	0.40
		住房公积金	1.25	3.35
		危险作业意外伤害保险	0.05	0.20

3. 利润（表20.6）

（1）建筑工程中的电气动力、照明、控制线路工程，通风空调工程，给排水、采暖、煤气管道工程，消防及安全防范工程，建筑智能化工程，以直接费（直接工程费）为基数计取利润。

（2）装饰装修工程，以直接费（直接工程费）为基数计取利润。

（3）大型土石方工程，以"人工费+机械费"之和为基数，按5.15%计取利润。

表20.6   **利润费率表**   （单位:%）

工程分类	以直接费（直接工程费）为计费基数的工程	以人工费与机械费之和为计费基数的工程
计费基数	直接费+价差	人工费+机械费
费 率	5.15	18.00

4. 税金（表20.7）

税金包括营业税、城市建设维护税、教育附加费，采用综合税率。各地税务部门有其他规定时，由当地造价管理机构根据税务部门的规定进行补充，并报省造价管理站审核备案。

（1）国营或集体建安企业均以工程所在地区税率计取。

（2）企事业单位所属的建筑修缮单位，承包本单位建筑、安装工程和修缮业务不计取税金（本单位的范围只限于从事建筑安装和修缮业务的企业单位本身，不能扩大到本部门各个企业之间或总分支机构之间）。

（3）建筑安装企业承包工程实行分包形式的，税金由总承包单位统一计取缴纳。

表 20.7　　　　　　　　　　　　　税金费率表　　　　　　　　（单位:%）

纳税人地区	纳税人所在地在市区	纳税人所在地在县城、镇	纳税人所在地不在市区、县城或镇
计税基数	不含税工程造价		
综合税率%	3.41	3.35	3.22

20.2.3　定额计价计算程序(表 20.8)

1. 价差调整

价差调整包括人工价差、材料价差、机械价差的调整。人工价差按建设行政管理部门发布的人工单价调整文件执行；材料价差是指市场材料价格与湖北省统一基价表(单位估价表)中材料取定价格之间的差价，材料市场价格按发包人与承包人共同认可的材料价格或当地工程造价管理机构发布的材料市场信息价格进行确认；机械台班价差只调整机械台班中的燃料动力费。

2. 包工不包料工程、计时工

包工不包料工程、计时工按定额计算出的人工费的 25% 计取综合费用。费用包括组织措施费、间接费、利润等；施工用的特殊工具，如手推车等，由发包人解决。综合费用中不包括税金。

3. 预算外费用

施工过程中发生的预算外费用，承发包双方按签证办理竣工结算。以实物量形式签证的，按消耗量定额及统一基价表(或单位估价表)计算，列入直接工程费。以"元"表示的签证，列入不含税工程造价，另有说明的除外。

4. 发包人供应的材料

由发包人供应的材料，按统一基价表中的材料费进入直接工程费，按本定额的程序计取各项费用，以发包人确定的材料价格与定额中的材料取定价格计算价差；发包人供应的未计价材料应计入直接工程费，按本定额的程序计取费用。计算各项费用后，从工程造价中扣除发包人供应的材料费。

5. 总承包服务费

总承包服务费是总承包人为配合协调招标人进行的工程分包；对采购的设备、材料等进行管理、服务等所需的费用。

总承包服务费应依据招标人在招标文件中列出的分包专业工程内容和供应材料、设备情况，按照招标人提出协调、配合和服务要求和施工现场管理需要自主确定，也可参照下列标准计算：

(1)招标人仅要求对分包的专业工程进行总承包管理和协调时，按分包的专业工程造价的 1.5% 计算。

表 20.8　　　　　　　　　　定额计价计算程序

序号	费用项目	计算方法	
		以直接费(直接工程费)为计费基数的工程	以人工费机械费之和为计费基数的工程
1	直接工程费	1.1＋1.2＋1.3＋1.4	1.1＋1.2＋1.3＋1.4
1.1	人工费	$\sum$人工费	
1.2	材料费	$\sum$材料费	
1.3	机械使用费	$\sum$机械费	
1.4	构件增值税	$\sum$(构件制作定额基价×工程量)×税率	
2	措施项目费	2.1＋2.2	
2.1	技术措施费	$\sum$技术措施费	
2.1.1	人工费	$\sum$人工费	
2.1.2	材料费	$\sum$材料费	
2.1.3	机械费	$\sum$机械费	
2.2	组织措施费	2.2.1＋2.2.2	
2.2.1	安全文明施工费	(1＋2.1)×费率	(1.1＋1.3＋2.1.1＋2.1.3)×费率
2.2.2	其他组织措施费	(1＋2.1)×费率	(1.1＋1.3＋2.1.1＋2.1.3)×费率
3	总包服务费	3.1＋3.2	
3.1	管理、协调和配合服务	标的额×费率	
3.2	招标人自行供应材料	标的额×费率	
4	价差	4.1＋4.2＋4.3	
4.1	人工价差	按规定计算	
4.2	材料价差	$\sum$消耗量×(市场材料价格－定额取定价格)	
4.3	机械价差	按规定计算	
5	施工管理费	(1＋2)×费率	(1.1＋1.3＋2.1.1＋2.1.3)×费率
6	利润	(1＋2＋4)×费率	(1.1＋1.3＋2.1.1＋2.1.3)×费率／(1＋2＋4)×费率

续表

序号	费用项目	计算方法	
		以直接费(直接工程费)为计费基数的工程	以人工费机械费之和为计费基数的工程
7	规费	$(1+2+3+4+5+6)×$ 费率	$(1.1+1.3+2.1.1+2.1.3)×$ 费率
8	不含税工程造价	$1+2+3+4+5+6+7$	
9	税金	$8×$ 费率	
10	含税工程造价	$8+9$	

（2）当招标人要求对分包的专业工程进行总承包管理和协调，并同时要求提供配合服务时，根据招标文件中列出的配合服务内容和提出的要求，按分包的专业工程造价的 3% ~5% 计算。配合服务的内容包括：对分包单位的管理、协调和施工配合等费用；施工现场水电设施、管线敷设的摊销费用；共用脚手架搭拆的摊销费用；共用垂直运输设备，加压设备的使用、折旧、维修费用等。

（3）招标人自行供应材料的，按招标人供应材料价值的 1% 计算。

总承包服务费应计取相应的规费和税金。

20.2.4　定额计价计算案例

【例 20.1】　某工程施工图纸如图 20.3 ~ 图 20.6 所示。试采用定额计价的方法编制施工图预算。

（1）设计说明：

①所有钢材采用 Q235；

②钢梯及栏杆见建筑图，本次任务不计算；

③平台铺板采用板厚 6mm 的花纹钢板，肋板采用宽 100mm、厚 6mm 的扁钢，钢板与肋板焊接采用间断焊缝，间断焊缝的净距 $t<90$，焊条为 E43；

④柱头、柱脚及梁与梁间的焊缝为满焊，没有注明的焊缝厚度为 6mm；

⑤$D>500$ 的空洞需在周边设肋板，板周边超出梁时需设肋板；

⑥所有钢构件均采用红丹防锈漆打底，刷银灰色调和漆两遍。

（2）钢板信息价为 4950 元/t，槽钢息价为 4650 元/t。

【案例分析与实施】

1. 列项

在熟读图纸的基础上，根据《湖北省建筑安装工程费用定额》中定额项目进行筛选，列项如下：

钢柱制作：A5-1 实腹钢管柱。

钢柱运输：A5-81 一类金属结构构件运输，运距 1km 以内。

钢柱安装：A5-101。

钢平台制作：2008 定额缺项，借用 2003 定额 A6-35 钢平台板式，包括铺板及钢梁。

钢平台运输：A5-87 二类金属结构构件运输，运距 1km 以内。

钢平台安装：A5-224。

预埋螺栓：A3-811。

铁件：A3-785。

金属构件油漆：B6-244 其他金属面调和漆中间漆，B6-245 其他金属面调和漆面漆。由于定额构件的制作过程中均已包括了一遍防锈漆，故防锈漆不再列项。

脚手架：A10-24 钢管里脚手架。

2. 计算工程量

(1)钢柱制作(运输及安装工程量同制作)。经查柱大样图(图 20.4、图 20.5)，钢管柱(ϕ102×8)高为：$1.694-0.1-0.02×2=1.554(m)$，共 7 根，线重量为 18.546kg/m，钢管重量为 $1.554×7×18.546=10.878×18.546=202(kg)=0.202(t)$。

(2)铁件。经查柱大样图(图 20.2、图 20.3)，柱头顶板柱脚底板均为 250mm×250mm×20mm 钢板，共 14 块，查 20 厚钢板面重量为 157kg/m²；故重量为 $0.25×0.25×14×157=137.4(kg)$。

柱头顶板柱脚肋板厚 8mm，62.8kg/m²，面积为 $1/2×0.05×0.05×4×2×7=0.07(m^2)$，故重量为 $0.07×62.8=4.4(kg)$。

重量共为 $137.4kg+4.4kg=142kg=0.142t$。

(3)钢平台制作(运输及安装工程量同制作)。

①梁(图 20.3)：

[16b，工程量 $=(10-0.24+2.8+2.5×4)m×17.2kg/m=22.56×17.2=388kg$

[12.6a，工程量 $=2.5m×16×12.4kg/m=40×12.4=496kg$

[8，工程量 $=0.92m×2×4×8kg/m=7.36×8=59kg$

重量共为 $388kg+496kg+59kg=943kg$

②肋板(图 20.3)：

扁钢-100×6，工程量 $=(12.8m×4-7.36)×4.71kg/m=43.846×4.71=206kg$

③6 厚花纹钢板(图 20.3)：

工程量 $=(12.8×2.5)m^2×47.1kg/m^2=32×47.1=1507.2kg$

④其他：

图 20.6 节点 3 角钢 L70×8：$0.06m×2×4×4×8.3952kg/m=8.1kg$

图 20.5 节点 1 填板 140×50×10：$(0.140×0.05)m^2×2×7×78.5kg/m^2=7.7kg$

重量共为 $8.1+7.7=15.8kg$

钢平台重量共为 $943+206+1507.2+15.8=2672kg=2.672t$

(4)螺栓。螺栓 M14×100，数量 3×7=21 个，重量 $=21×0.099=2.1kg$

ϕ20 锚栓，数量 4×7=28 个，单个长 $2350+15×20=2650mm$，重量 $=28×2.65×2.466=183kg$

螺栓重量共为 $2.1+183=185.1kg=0.185t$

(5)油漆。

①钢管柱油漆：$10.878m×0.32m^2/m=3.481m^2$；

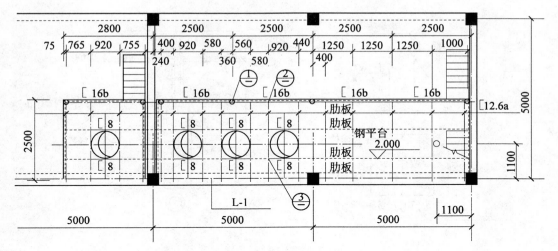

图 20.3　钢平台平面图

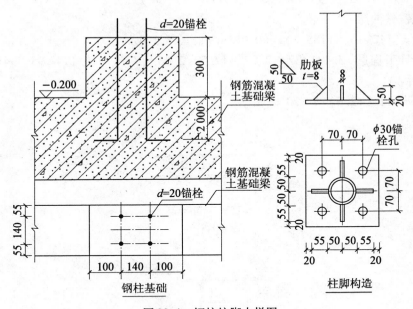

图 20.4　钢柱柱脚大样图

②钢板油漆：32m²。

③梁油漆：

[16b，工程量 = 22.56m×0.576m²/m = 12.995m²

[12.6a，工程量 = 40m×0.443m²/m = 17.72m²

[8，工程量 = 7.36m×0.32m²/m = 2.355m²

④肋板油漆：

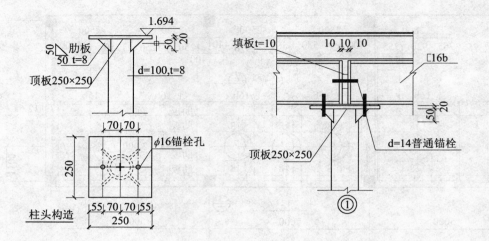

图 20.5　钢柱柱头大样图

扁钢 - 100×6，工程量 = 43.846×0.1×2 = 8.769(m²)

⑤其他铁件油漆：

工程量 = (142+15.8+185.1)kg×0.053m²/kg = 18.174m²

油漆合计工程量 = 3.481+32+12.995+17.72+2.355+8.769+18.174 = 95.494(m²)

(6)脚手架。

工程量 = (12.8+2.5)×2 = 20.6(m²)。

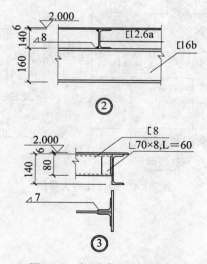

图 20.6　钢平台节点大样图

3. 计算定额直接费（表20.9）

表20.9
工程名称：某钢平台工程

钢结构工程预算表

序号	编号	定额名称	单位	工程量	单价(元)	其中(元)			合价	其中(元)		
						人工费单价	材料费单价	机械费单价		人工费合价	材料费合价	机械费合价
1	A3-785	铁件	t	0.142	7613.81	1095.18	5771.36	747.27	1081.16	155.52	819.53	106.11
2	A3-811	预埋螺栓	t	0.185	9810.24	876.12	8235.76	698.36	1814.89	162.08	1523.62	129.2
3	A5-1	实腹钢管柱 3.0t 以内	t	0.202	7624.94	640.8	5649.44	1334.7	1540.24	129.44	1141.19	269.61
4	A5-81	一类金属结构构件运输 运距1km以内	10t	0.0202	723.48	84.12	67.83	571.53	14.61	1.7	1.37	11.54
5	A5-87	一类金属结构构件运输 运距1km以内	10t	0.2672	790.21	84.12	79.58	626.51	211.14	22.48	21.26	167.4
6	A5-101	钢柱(安装高度20米以内)每根构件重量4.0t以内履带吊	t	0.202	745.28	316.92	344.45	83.91	150.55	64.02	69.58	16.95
7	A5-224	钢平台	t	2.672	1126.18	937.86	153.32	35	3009.15	2505.96	409.67	93.52
8	借 A6-35	钢梯子,钢栏杆制作 钢平台板式	t	2.672	5049.12	450	3747.56	851.56	13491.25	1202.4	10013.48	2275.37
9	借 B6-244	金属面油漆 调和漆 中间漆 其他金属面	100m²	0.95494	1318.69	568.5	290.99	459.2	1259.27	542.88	277.88	438.51
10	借 B6-245	金属面油漆 调和漆 面漆 其他金属面	100m²	0.95494	879.38	681.18	198.2		839.76	650.49	189.27	
11	A10-24	里脚手架 钢管3.6m以内	100m²	0.206	215.36	168.06	43.98	3.32	44.36	34.62	9.06	0.68
		总计							23456.39	5471.59	14475.91	3508.89

编制人：　　审核人：　　编制日期：

4. 材差计算表(表20.10)

表20.10　　　　　　　　　　　单位工程材料价差表

工程名称：某钢平台工程

序号	材料名称	材料规格	单位	材料量	定额价	信息价	价差	价差合计
1	槽钢	[10	t	0.3073	2600	4650	2050	629.97
2	槽钢	[12.6	t	0.7588	2600	4650	2050	1555.54
3	钢板	$\delta=6mm$	t	1.7662	3300	4950	1650	2914.23
4	钢板	$\delta=16mm$	t	0.0465	4800	4950	150	6.98
5	钢板	$\delta=20mm$	t	0.0364	4800	4950	150	5.46
6	钢板	$\delta=25mm$	t	0.1313	4800	4950	150	19.7
合　　计								5131.88

5. 工程造价

查费用定额知，钢结构为以"人工费+机械费"为计费基础的工程。计算其他费用(工程取费)，得出工程造价，见表20.11。

表20.11　　　　　　　　　　　单位工程费用汇总表

工程名称：某钢平台工程

序号	费用名称	取费基数	费率(%)	费用金额
一	直接工程费	人工费+材料费+机械使用费		23456.39
1	人工费	人工费		5471.59
2	材料费	材料费		14475.91
3	机械使用费	机械费		3508.89
二	组织措施费	安全文明施工费+其他组织措施费		1118.07
1	安全文明施工费	人工费+机械使用费	10.55	947.44
2	其他组织措施费	人工费+机械使用费	1.9	170.63
三	施工管理费	人工费+机械使用费	15	1347.07
四	材差	5131.88		5131.88
五	利润	人工费+机械使用费	18	1616.49
六	规费	人工费+机械使用费	17.8	1598.53
七	不含税工程造价	直接工程费+组织措施费+施工管理费+利润+规费+材差		34268.43
八	税金	不含税工程造价	3.41	1168.55
	含税工程造价	不含税工程造价+税金		35436.98

6. 计算各项技术经济指标(略)

7. 填封皮、写编制说明、装订成册(略)

20.3　甲供材处理案例

【例20.2】背景资料：某建筑工程，12层以下(40m以下)。试采用定额计价方式编制预算，甲方按定额消耗量供应现浇螺纹钢筋 ϕ18。

【解】由A3-697，现浇螺纹钢筋 ϕ18内，基价5235.04元/t。

材料费其中，螺纹钢筋 ϕ18：4500元/t×1.045t=4702.50元

取费：

安全文明施工费：5235.04×4.15%=217.25(元)

其他组织措施费：5235.04×0.6%=31.41(元)

措施费小计：217.25+31.41=248.66(元)

管理费：(5235.04+248.66)×5.45%=298.86(元)

利润：(5235.04+248.66)×5.15%=282.41(元)

规费：(5235.04+248.66+298.86+282.41)×6.35%=385.13(元)

不含税造价：5235.04+248.66+298.86+282.41+385.13=6450.10(元)

税金：6450.10×3.41%=219.95(元)

含税造价：6450.10+219.95=6670.05(元)

情况一：甲方同意按定额取定价供给乙方，则按取定价退出含税造价：

扣除甲供材后含税造价=6670.05元−4500元/t×1.045t=1967.55(元)

情况二：甲供材价格4800元/t。

价差：(4800−4500)×1.045=313.50(元)

价差取费：

利润：313.50×5.15%=16.07(元)

规费：(313.50+16.07)×6.35%=20.93(元)

税金：(313.50+16.07+20.93)×3.41%=11.95(元)

含税价差：313.50+16.07+20.93+11.95=362.45(元)

含税造价：6670.05+362.45=7032.50(元)

扣除甲供材后含税造价：7032.50−4800×1.045=2016.50(元)

情况三：甲供材价格4200元/t。

价差：(4200−4500)×1.045=−313.50(元)

价差取费：

利润：−313.50×5.15%=−16.07(元)

规费：−(313.50+16.07)×6.35%=−20.93(元)

税金：−(313.50+16.07+20.93)×3.41%=−11.95(元)

含税价差：−(313.50+16.07+20.93+11.95)=−362.45(元)

含税造价：6670.05−362.45＝6307.60(元)

扣除甲供材后含税造价：6307.60−4200×1.045＝1918.60(元)

【例20.3】背景资料：某装饰工程墙面干挂(有骨架)花岗岩2000m²，12层以下(40m以下)。试采用定额计价方式编制预算，甲方按定额消耗量供应花岗岩。

【解】由A2-165，墙面干挂(有骨架)花岗岩基价26055.46元/100m²，其中：

人工费+机械费＝4147.31+46.39＝4193.7(元/100m²)

材料花岗岩板费用：185×102＝18870(元/100m²)

取费：

安全文明施工费：4193.7×9.45%＝396.30(元/100m²)

其他组织措施费：4193.7×1.9%＝79.68(元/100m²)

措施费小计：396.30+79.68＝475.98(元/100m²)

管理费：4193.7×15%＝629.06(元/100m²)

利润：(26055.46+475.98)×5.15%＝1366.37(元/100m²)

规费：4193.7×17.8%＝746.48(元/100m²)

不含税造价：26055.46+475.98+629.06+1366.37+746.48＝29273.35(元/100m²)

税金：29273.35×3.41%＝998.22(元/100m²)

含税造价：29273.35+998.22＝30271.57(元/100m²)

情况一：甲方同意按定额取定价供给乙方，则按取定价退出含税造价：

扣除甲供材后含税造价＝(30271.57−18870)×2000÷100＝228031.4(元)

情况二：甲供材价格285元/m²。

价差：(285−185)×102×2000÷100＝204000(元)

价差取费：

利润：204000×5.15%＝10506(元)

规费：0×6.35%＝0(元)

税金：(204000+10506+0)×3.41%＝7314.65(元)

含税价差：204000+10506+0+7314.65＝221820.65(元)

含税造价：30271.57×2000÷100+221820.65＝827252.05(元)

扣除甲供材后含税造价：827252.05−285×102×2000÷100＝245852.05(元)

情况三：甲供材价格85元/m²

价差：(85−185)×102×2000÷100＝−204000(元)

价差取费：

利润：−204000×5.15%＝−10506(元)

规费：0×6.35%＝0(元)

税金：−(204000+10506+0)×3.41%＝−7314.65(元)

含税价差：−(204000+10506+0+7314.65)＝−221820.65(元)

含税造价：30271.57×2000÷100−221820.65＝383610.75(元)

扣除甲供材后含税造价：383610.75−85×102×2000÷100＝210210.75(元)

20.4　建设工程竣工结算材料价格调整

20.4.1　依据

依据是:《关于建设工程竣工结算材料价格调整的指导性意见》(鄂建文[2011]45号)。

20.4.2　调整方法

(1)凡双方在施工合同中约定材料价格等风险的承担范围、幅度及调整办法的,按合同规定条款执行。合同中约定不调整材料价格的,双方可参照第二条的内容协商解决。

(2)凡双方在施工合同中没有约定材料价格等风险的承担范围、幅度及调整办法,在工程价款调整和工程结算时可参照下列规定执行:对于招投标的建设工程,扣除招标控制价中明确给出的材料价格风险系数之后,其材料价差调整原则:材料变化幅度超过±5%(含±5%),变化幅度以内的风险由承包方承担,超过部分由发包人承担或受益。没有招标的建筑安装工程,可参照上述规定办理。

(3)建筑工程材料差额的计算是以投标截止期前一个月省级或当地建设工程造价管理部门发布的预算价格或市场价格为基础,与施工期省级或当地建设工程造价管理部门发布的市场材料信息价格或发、承包双方认定价格之差。计算的材料差额,计取税金后单独列项,计入含税工程造价。

(4)非承包人的原因造成工期延误的,延误期间发生的材料价格上涨差额由发包人承担。

20.4.3　执行时间

指导性意见自 2011 年 8 月 29 日起施行,以前与本指导意见规定不符的,以本指导意见为准。

【例 20.4】案例 20.1 中,若施工中槽钢签证价为 4800 元/t,钢板签证价为 5300 元/t。试计算该项目结算造价。

【解】(1)价差计算。合同未约定时,材料价差调整原则:仅调整材料变化幅度超过±5%(含±5%)的部分,±5%以内的部分包含在风险范围内,不调整(表 20.12)。

表 20.12　　　　　　　　　　单位工程材料结算价差表

工程名称:某钢平台工程

序号	材料名称	材料规格	单位	材料量	预算价	签证价	价差百分率(%)	超过±5%部分的价差	价差合计(元)
1	槽钢	[10	t	0.3073	4650	4800	3.23	0	0
2	槽钢	[12.6	t	0.7588	4650	4800	3.23	0	0
3	钢板	δ=6mm	t	1.7662	4950	5300	7.07	102.5	181.04

序号	材料名称	材料规格	单位	材料量	预算价	签证价	价差百分率(%)	超过±5%部分的价差	价差合计(元)
4	钢板	$\delta=16mm$	t	0.0465	4950	5300	7.07	102.5	4.77
5	钢板	$\delta=20mm$	t	0.0364	4950	5300	7.07	102.5	3.73
6	钢板	$\delta=25mm$	t	0.1313	4950	5300	7.07	102.5	13.46
合　计									202.99

（2）价差部分税金＝202.99×3.41%＝6.92（元）。

（3）结算价＝原预算价＋价差合计＋价差部分税金＝35436.98＋202.99＋6.92＝35646.89（元）。

【例20.5】背景资料：某建筑工程，12层以下（40m以下），采用定额计价方式编制预算，定额直接费300万，该项目中现浇砼构件中螺纹钢筋ϕ18有30t，材料基期信息价为3900元/t，假设不考虑其他影响，试计算该项目预算造价。若施工中螺纹钢筋ϕ18签证价格为4100元/t，试计算该项目结算造价（合同约定材料价格风险范围为±5%）。

【解】（1）计算预算造价。由A3-697知，现浇螺纹钢筋ϕ18定额取定材料价格为4500元/t。

取费：

安全文明施工费：3000000×4.15%＝124500（元）

其他组织措施费：3000000×0.6%＝18000（元）

措施费小计：124500＋18000＝142500（元）

材差：20×（3900－4500）＝－12000（元）

管理费：（3000000＋142500）×5.45%＝171266.25（元）

利润：（3000000＋142500－12000）×5.15%＝161220.75（元）

规费：（3000000＋142500－12000＋171266.25＋161220.75）×6.35%＝219899.67（元）

不含税造价：3000000＋142500－12000＋171266.25＋161220.75＋219899.67＝3682886.67（元）

税金：3682886.67×3.41%＝125586.44（元）

含税造价：3682886.67＋125586.44＝3808473.11（元）

（2）计算结算造价。施工中ϕ18螺纹钢筋签证价格与预算基期信息价差＝4100－3900＝200（元/t）。

价差率：200/3900＝5.13%＞5%

则可调价差为20×（4100－1.05×3900）＝100（元）。

结算价：3808473.11＋100＋100×3.41%＝3808576.52（元）

20.5　人工单价调整

20.5.1　依据

依据是：《关于调整我省现行建设工程计价依据定额人工单价的通知》（鄂建文〔2012〕85 号）。

20.5.2　调整范围

湖北省现行的各专业消耗量定额及统一基价表（或估价表）、预算定额、概算定额，按本通知的规定调整定额人工单价。

20.5.3　调整标准

（1）定额人工以普工、技工、高级技工形式表现的，人工单价调整为：普工 56 元/工日，技工 86 元/工日，高级技工 129 元/工日。施工机械台班费用定额中的人工单价按技工标准调整。

（2）定额人工以综合工日形式表现的，综合工日调整为：75 元/工日。施工机械台班费用定额中的人工单价按综合工日标准调整。

20.5.4　调整方法

不论采用定额计价模式或工程量清单计价模式，调整后的人工费与原人工费之间的差额，计取税金后单独列项，计入含税工程造价。机械台班中的人工费调整方法：

$$差额 = \sum 机械年工作台班中人工含量 \times 人工差价 \times 台班合计$$

20.5.5　执行时间

（1）2012 年 12 月 1 日前已完成的工程量，定额人工单价不再进行调整。

（2）从 2012 年 12 月 1 日起完成的工程量，按本通知的规定执行。

（3）2012 年 12 月 1 日起进行招投标的工程，应按本通知规定的定额人工单价和调整方法计算招标控制价。

【例 20.6】　背景资料：某建筑项目 2012 年 12 月 1 日开工，按 2008 年《湖北省建筑安装工程费用定额》、《湖北省建筑工程消耗量定额及统一基价表》计算人工消耗量为：普工消耗 20000 工日，技工消耗 15000 工日，高级技工消耗 5000 工日，机械台班中人工消耗为 400 工日。试计算人工调整相关费用。

【解】查 2008 年湖北建筑定额，定额人工工日单价为：普工为 42 元，技工为 48 元，高级技工为 60 元。

按鄂建文〔2012〕85 号人工调差：20000×(56−42)+15000×(86−48)+400×(129−60)＝87600.00（元）

税金：87600.00×3.41%＝29926.16（元）

合计人工调整费用：87600.00+29926.16=907526.16（元）。

本单元小结

（1）建筑安装工程费的组成有两种划分方式。

按照费用构成要素：由人工费、材料（包含工程设备）费、施工机具使用费、企业管理费、利润、规费和税金组成，其中，人工费、材料费、施工机具使用费、企业管理费和利润包含在分部分项工程费、措施项目费、其他项目费中。

按照工程造价形成：由分部分项工程费、措施项目费、其他项目费、规费、税金组成，其中，分部分项工程费、措施项目费、其他项目费包含人工费、材料费、施工机具使用费、企业管理费和利润。

（2）掌握各专业工程计费基础的划分标准及费率选择，主要分为"以直接费为计费基础的工程"、"以人工费和机械费之和为计费基础的工程"。注意安装工程和装饰工程的利润计算是以直接费为基数。

（3）掌握建筑工程定额计价的计算程序。

（4）材料调差，预算时要计取其他费用，结算时只计取税金。人工费的调差，预算、结算均只计算税金，不计取其他费用。

习　　题

某建筑工程檐高 33.45m，共 11 层。实体项目定额直接费 1760 万元，技术措施项目定额直接费 59 万元，材料价差 15 万元，人工调差 10 万元。试按定额计价方法计算该项目造价。

参考文献

[1] 田永复. 编制建筑工程工程量清单与定额[M]. 北京：中国建筑工业出版社. 2006.

[2] 湖北省建设工程造价管理总站. 建筑工程计量与计价[M]. 武汉：长江出版社. 2010.

[3] 湖北省建设工程造价管理总站. 湖北建筑工程消耗量定额及统一基价表[M]. 武汉：长江出版社. 2008.

[4] 焦红，王松岩等. 钢结构工程计量与计价[M]. 北京：中国建筑工业出版社. 2006.

[5] 袁建新，迟晓明. 湖北建筑工程消耗量定额及统一基价表建筑工程预算[M]. 北京：中国建筑工业出版社. 2010.

[6] 中国建筑科学研究院. 混凝土结构工程施工质量验收规范[M]. 北京：中国建筑工业出版社，2011.

[7] 中国建筑标准研究院. 混凝土结构施工图平面整体表示方法制图规则和构造详图(现浇混凝土框架、剪力墙、梁、板)[M]. 北京：中国计划出版社，2011.

[8] 中国建筑标准研究院. 混凝土结构施工图平面整体表示方法制图规则和构造详图(独立基础、条形基础、筏形基础及桩基承台)[M]. 北京：中国计划出版社，2011.

[9] 成如刚. 基于新规范条件下的钢筋长度计算[J]. 工程造价管理，2012(12).

[10] 成如刚. 钢筋算量问题分析及解决思路[J]. 山西建筑. 2008(11).

[11] 建设部人事教育司. 钢筋工[M]. 北京：中国建筑工业出版社. 2003.

[12] 中国建筑科学研究院. 混凝土结构工程施工规范[M]. 北京：中国建筑工业出版社，2011.